21世纪高等学校计算机教育实用规划教材

数据库系统及应用实验与课程设计指导
——SQL Server 2008

刘金岭 冯万利 周泓 主编

清华大学出版社

北京

内 容 简 介

本书是《数据库系统及应用教程——SQL Server 2008》(刘金岭、冯万利主编)的配套指导书,共分为两个部分。第一部分为上机实验,包括 15 个实验,该部分介绍了 SQL Server 2008 数据库功能和操作使用技术,并结合学生的实际应用给出了 VB、ASP 与 SQL Server 2008 数据库连接的两个实验,为便于学生撰写实验报告,该部分给出了实验报告的撰写规范和模板;第二部分为课程设计指导,该部分首先介绍了课程设计的内容、步骤及要求,然后介绍了数据库应用系统设计规范,而后给出了项目开发文档的编写规范,最后给出了课程设计的两个较完整的案例,以供学生进行课程设计时参考。

本书内容实用性强,讲解由浅入深、循序渐进,注重培养学生的应用能力,既适合作为普通高等院校本科层次数据库原理及应用课程的实验和课程设计指导书,也适合作为高等教育其他层次的数据库原理及应用课程的实验指导书或课程设计、毕业设计的参考书。

图书在版编目(CIP)数据

数据库系统及应用实验与课程设计指导——SQL Server 2008/刘金岭等主编. —北京:清华大学出版社,2013(2023.1重印)

21 世纪高等学校计算机教育实用规划教材

ISBN 978-7-302-33594-8

Ⅰ. ①数… Ⅱ. ①刘… Ⅲ. ①数据库系统 Ⅳ. ①TP311.13

中国版本图书馆 CIP 数据核字(2013)第 203906 号

责任编辑:魏江江 王冰飞
封面设计:常雪影
责任校对:李建庄
责任印制:沈 露

出版发行:清华大学出版社
        网 址:http://www.tup.com.cn,http://www.wqbook.com
        地 址:北京清华大学学研大厦 A 座   邮 编:100084
        社 总 机:010-83470000   邮 购:010-62786544
        投稿与读者服务:010-62776969,c-service@tup.tsinghua.edu.cn
        质量反馈:010-62772015,zhiliang@tup.tsinghua.edu.cn
        课件下载:http://www.tup.com.cn,010-83470236
印 装 者:北京同文印刷有限责任公司
经 销:全国新华书店
开 本:185mm×260mm   印 张:15.5   字 数:385 千字
版 次:2013 年 10 月第 1 版   印 次:2023 年 1 月第 15 次印刷
印 数:24501~26000
定 价:26.00 元

产品编号:053728-01

出版说明

　　随着我国高等教育规模的扩大以及产业结构调整的进一步完善,社会对高层次应用型人才的需求将更加迫切。各地高校紧密结合地方经济建设发展需要,科学运用市场调节机制,合理调整和配置教育资源,在改革和改造传统学科专业的基础上,加强工程型和应用型学科专业建设,积极设置主要面向地方支柱产业、高新技术产业、服务业的工程型和应用型学科专业,积极为地方经济建设输送各类应用型人才。各高校加大了使用信息科学等现代科学技术提升、改造传统学科专业的力度,从而实现传统学科专业向工程型和应用型学科专业的发展与转变。在发挥传统学科专业师资力量强、办学经验丰富、教学资源充裕等优势的同时,不断更新教学内容、改革课程体系,使工程型和应用型学科专业教育与经济建设相适应。计算机课程教学在从传统学科向工程型和应用型学科转变中起着至关重要的作用,工程型和应用型学科专业中的计算机课程设置、内容体系和教学手段及方法等也具有不同于传统学科的鲜明特点。

　　为了配合高校工程型和应用型学科专业的建设和发展,急需出版一批内容新、体系新、方法新、手段新的高水平计算机课程教材。目前,工程型和应用型学科专业计算机课程教材的建设工作仍滞后于教学改革的实践,如现有的计算机教材中有不少内容陈旧(依然用传统专业计算机教材代替工程型和应用型学科专业教材),重理论、轻实践,不能满足新的教学计划、课程设置的需要;一些课程的教材可供选择的品种太少;一些基础课的教材虽然品种较多,但低水平重复严重;有些教材内容庞杂,书越编越厚;专业课教材、教学辅助教材及教学参考书短缺,等等,都不利于学生能力的提高和素质的培养。为此,在教育部相关教学指导委员会专家的指导和建议下,清华大学出版社组织出版本系列教材,以满足工程型和应用型学科专业计算机课程教学的需要。本系列教材在规划过程中体现了如下一些基本原则和特点。

　　(1) 面向工程型与应用型学科专业,强调计算机在各专业中的应用。教材内容坚持基本理论适度,反映基本理论和原理的综合应用,强调实践和应用环节。

　　(2) 反映教学需要,促进教学发展。教材规划以新的工程型和应用型专业目录为依据。教材要适应多样化的教学需要,正确把握教学内容和课程体系的改革方向,在选择教材内容和编写体系时注意体现素质教育、创新能力与实践能力的培养,为学生知识、能力、素质协调发展创造条件。

　　(3) 实施精品战略,突出重点,保证质量。规划教材建设仍然把重点放在公共基础课和专业基础课的教材建设上;特别注意选择并安排一部分原来基础比较好的优秀教材或讲义修订再版,逐步形成精品教材;提倡并鼓励编写体现工程型和应用型专业教学内容和课程体系改革成果的教材。

（4）主张一纲多本，合理配套。基础课和专业基础课教材要配套，同一门课程可以有多本具有不同内容特点的教材。处理好教材统一性与多样化，基本教材与辅助教材，教学参考书，文字教材与软件教材的关系，实现教材系列资源配套。

（5）依靠专家，择优选用。在制订教材规划时要依靠各课程专家在调查研究本课程教材建设现状的基础上提出规划选题。在落实主编人选时，要引入竞争机制，通过申报、评审确定主编。书稿完成后要认真实行审稿程序，确保出书质量。

繁荣教材出版事业，提高教材质量的关键是教师。建立一支高水平的以老带新的教材编写队伍才能保证教材的编写质量和建设力度，希望有志于教材建设的教师能够加入到我们的编写队伍中来。

21 世纪高等学校计算机教育实用规划教材编委会

联系人：魏江江 weijj@tup.tsinghua.edu.cn

前　言

"数据库原理及应用"是一门具有较强理论性和较强实践性的专业基础课程,学习该课程需要把理论知识和实际应用紧密结合起来。本书作为《数据库系统及应用教程——SQL Server 2008》(刘金岭、冯万利主编)的配套指导书,编写目的就是让读者在学习数据库知识时做到理论联系实际,即在进行理论知识学习的同时进行上机实践。本书内容紧密结合主教材的内容,由浅入深、循序渐进,力求通过实践训练,让读者了解数据库管理系统的基本原理和数据库系统设计的方法,培养读者应用及设计数据库的能力。

本书分为两个部分,第一部分为上机实验,第二部分为课程设计指导。

本书编写的主要特点如下:

(1) 第一部分密切结合主教材的知识体系给出了 15 个实验,为读者进一步理解、应用数据库原理的理论打下了坚实的基础。每个实验都有实验目的、实验内容、实验指导、注意事项、思考题和练习题 6 个部分,使读者在实验前充分了解相关知识背景,在实验过程中充分利用数据库管理工具和交互式 SQL 平台对数据库的相关技术进行实验。该部分包括 15 个实验,分别为 SQL Server 2008 基本服务和信息、数据库的创建与管理、数据表的创建与管理、数据库约束实验、SELECT 数据查询、游标操作、存储过程的创建与应用、使用触发器实现数据完整性、视图和索引及数据库关系图、SQL Server 事务管理、SQL Server 安全管理、数据库的备份与恢复、数据的导入和导出、VB 与 SQL Server 2008 的两种连接方式、ASP 与 SQL Server 2008 的连接,并给出了实验报告的撰写规范和模板。

(2) 第二部分的第 1 章给出了课程设计报告的撰写规范;第 2 章给出了应用程序的编写规范;第 3 章给出了软件开发文档的撰写规范。其目的是为学生的毕业设计和毕业后参与软件开发打下基础。

(3) 考虑到目前大多数系统通常利用 C♯和 Java 语言开发,第二部分的第 4 章和第 5 章分别采用 ASP. NET 和 Java Swing 开发工具进行数据库应用系统的设计开发,并给出了源代码,从而达到理论和实践的紧密结合。

(4) 本书的取例一是考虑到学生所熟悉的案例,如在线图书销售、酒店管理;二是尽量涉及多种语言环境中的 SQL Server 2008 数据库应用。

本书由长期担任"数据库原理及应用"课程教学、具有丰富教学经验的一线教师编写,针对性强、理论与应用并重、概念清楚、内容丰富,强调面向应用,注重培养学生的应用技能和能力。

　　本书由刘金岭、冯万利、周泓主编,陈应权老师也参加了编写。本书第二部分第 4 章中的案例主要取自范建龙同学的课程设计,第 5 章的酒店管理系统是由苏宏斌同学参考相关案例设计的,在此表示感谢。

　　本书的编写得到编者所在的计算机工程学院以及清华大学出版社的大力支持,在此对所有相关人员的工作与支持表示衷心的感谢。

　　由于编者的水平有限,书中难免存在一些缺点和错误,殷切地希望广大读者给予批评、指正。

编　者

2013 年 6 月

目 录

第一部分

上机实验

"数据库原理及应用"是一门理论性较强、实践性也较强的专业基础课程,学习该课程需要把理论知识和实际应用紧密结合起来,因此,上机实验是教学中的必要环节。实验的目的就是让学生在学习数据库知识时做到理论联系实际,即在进行理论知识学习的同时,通过上机实践进行巩固和提高。实验内容是根据主教材的理论体系和内容编写的,做到了由浅入深、循序渐进。另一方面,学生经过上机实验学习,可以掌握 SQL Server 2008 数据库管理系统的实际应用技能。

对上机实验有以下 3 个方面的要求:

1. 实验前的准备

上机前要认真复习主教材中相关的理论内容,认真阅读指导书中的实验目的以及实验内容,根据实验指导进行分析,选择适当的解决方法,分析各实验的上机实验过程,并针对可能遇到的问题找出解决对策,了解自身的薄弱环节,以便在上机过程中重点解决。

2. 实验过程

认真按照指导书上所给的实验内容进行操作,并且按照给出问题的先后顺序去完成,不要跳跃地去完成,因为每一个实验内容都是有联系的,如果颠倒顺序,实验就不能达到预期的效果。

整个实验过程学生应该独立完成,这样有助于加深学生对实验内容的掌握,并在遇到问题时能够独立解决。

3. 实验报告的撰写

上机实验结束后,要按实验要求撰写实验报告。实验报告是对实验工作整理后写出的简单、扼要的书面报告。撰写实验报告是做完实验后最基本的工作,可以使学生对实验过程中获得的感性知识进行全面总结,并可提高到理性认识,总结出已取得的结果,了解尚未解决的问题和实验尚需注意的事项,并提供有价值的资料。撰写实验报告的过程是学生用所学数据库的基本理论对实验结果进行分析、综合,将逻辑思维上升为理论的过程,也是锻炼学生科学思维、独立分析和解决问题、准确地进行科学表达的过程。

实验报告一般按指导教师要求的内容撰写,其格式和模板参见本部分附录内容。

实验一　SQL Server 2008 基本服务和信息

一、实验目的

要求学生查看 SQL Server 2008 联机丛书的内容，了解 SQL Server Management Studio 的环境及基本操作，了解 SQL Server 2008 的基本信息。

二、实验内容

(1) 查看 SQL Server 2008 联机丛书的内容。

(2) 查看 SQL Server Management Studio 的环境并掌握其基本操作。

(3) SQL Server 2008 服务器管理和注册。

(4) 查看 SQL Server 2008 的目录结构。

(5) 利用 SQL Server 2008 基本系统视图查看相关信息。

三、实验指导

1. 联机丛书

实验 1.1　运行 SQL Server 2008 联机丛书，了解相关信息。

SQL Server 2008 是新一代 Microsoft SQL Server，它提供了一个集成的数据平台。联机丛书是 SQL Server 2008 的主要文档，可以帮助用户了解 SQL Server 以及如何实现数据管理和商业智能项目。

联机丛书包含下列信息：

(1) 安装和升级说明。

(2) 有关新增功能和向后兼容性的信息。

(3) SQL Server 2008 技术和功能的概念性说明。

(4) 描述如何使用 SQL Server 2008 各种功能的过程性主题。

(5) 指导用户完成常见任务。

(6) SQL Server 2008 支持的图形工具、命令提示实用工具、编程语言和应用程序编程接口(API)的参考文档。

(7) SQL Server 2008 中示例数据库和应用程序的说明。

在 Microsoft SQL Server Management Studio 窗口中选择"帮助"→"教程"命令，就可以打开 SQL Server 2008 联机丛书主界面，如图 1.1.1 所示。

2. SQL Server Management Studio

实验 1.2　运行 SQL Server Management Studio 集成环境，了解其功能。

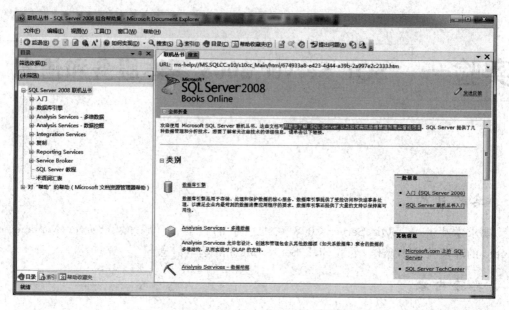

图 1.1.1　SQL Server 2008 联机丛书主界面

　　SQL Server Management Studio 是一个集成环境,用于访问、配置、管理和开发 SQL Server 的所有组件。SQL Server Management Studio 组合了大量图形工具和丰富的脚本编辑器,是一种易于使用且直观的工具,通过使用它能够快速、高效地在 SQL Server 中进行工作,如图 1.1.2 所示。

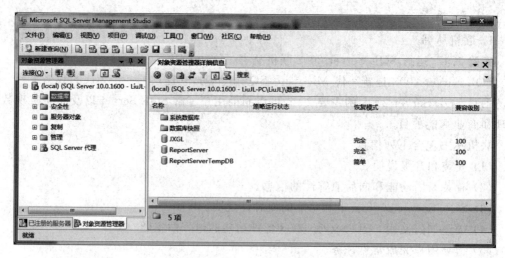

图 1.1.2　Microsoft SQL Server Management Studio 窗口

　　SQL Server Management Studio 将早期版本的 SQL Server 中所包含的企业管理器、查询分析器和 Analysis Manager 功能整合到单一的环境中。此外,SQL Server Management Studio 还可以和 SQL Server 的所有组件协同工作,例如 Reporting Services、Integration Services、SQL Server 2008 Compact Edition 和 Notification Services。这对于数据库的开发至关重要,也是数据库管理员获得的功能齐全的实用工具,其中包含易于使用的图形工具和丰富的脚本撰写功能。

3. 服务器管理和注册

实验 1.3 服务器管理的相关实验。

该实验主要介绍利用 SQL Server 配置管理器完成启动、暂停和停止服务等操作，其操作步骤如下：

单击"开始"按钮，选择 Microsoft SQL Server 2008 →"配置工具"，然后选择"SQL Server 配置管理器"，打开如图 1.1.3 所示的 Sql Server Configuration Manager 窗口。单击"SQL Server 服务"选项，在右边的窗格中可以看到本地所有的 SQL Server 服务，包括不同实例的服务。

图 1.1.3　Sql Server Configuration Manager 窗口

如果要启动、停止、暂停 SQL Server 服务，用鼠标指向服务名称，然后右击，在弹出的快捷键菜单中选择"启动"、"停止"、"暂停"命令即可。

实验 1.4 服务器注册的相关实验。

服务器注册主要指注册本地或者远程 SQL Server 服务器，可以打开 SQL Server Management Studio 进行服务器注册。其操作步骤如下：

① 在"视图"菜单中单击"已注册的服务器"显示出已注册的服务器，如图 1.1.4 所示。

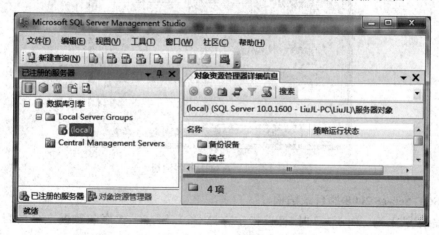

图 1.1.4　已注册的服务器

② 在右上角已注册的服务器中，选择注册类型进行服务类型注册。

③ 在所选服务类型的树形架构的根部右击，选择"新建服务器组"命令，在弹出的对话框中进行服务器组的建立，如图 1.1.5 所示。

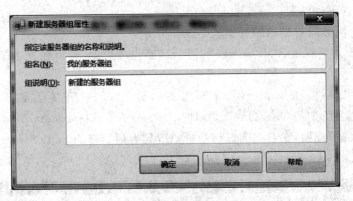

图 1.1.5　新建服务器组

④ 在新建的服务器组下面注册服务器，首先在新建服务器结点处右击，在弹出的菜单中选择"新建"下面的"服务器注册"命令，弹出如图 1.1.6 所示的对话框。然后填写服务器名称、选择相应的身份验证方式、输入用户名及密码，完成注册。

图 1.1.6　新建服务器注册

4. SQL Server 2008 的目录结构

在安装 SQL Server 2008 时，可以指定存储 SQL Server 程序和数据文件的目录，其默认安装目录为 C:\Program Files\Microsoft SQL Server。

进入 C:\Program Files\Microsoft SQL Server\MSSQL10. MSSQLSERVER\MSSQL 文件夹后的窗口如图 1.1.7 所示。

下面介绍其主要目录。

- Backup：此文件夹最初为空，它是 SQL Server 2008 创建磁盘文件备份设备的默认

图 1.1.7　SQL Server 2008 的目录结构

存储位置。

- Binn：此文件夹是 Windows 客户机和服务器的可执行文件、在线帮助文件和扩展存储过程的 DLL 文件所在的存储位置。
- DATA：此文件夹是所有数据库的数据文件和日志文件的默认存储位置，这些数据库文件中还包括 SQL Server 2008 的系统数据库文件。
- Log：此文件夹存储 SQL Server 2008 的日志文件，存放提示、警告和错误信息。

5. SQL Server 2008 基本信息

SQL Server 2008 的物理存储由若干数据库构成，系统数据库如表 1.1.1 所示。

表 1.1.1　SQL Server 2008 系统数据库

数据库名称	数据库描述
master	master 数据库记录 SQL Server 系统的所有系统级信息，主要包括实例范围的元数据、端点、链接服务器和系统配置设置，以及记录了所有其他数据库的存在、数据库文件的位置和 SQL Server 的初始化信息
model	提供了 SQL Server 实例上创建的所有数据库的模板
msdb	主要由 SQL Server 代理，用于计划警报和作业
tempdb	tempdb 系统数据库是一个全局资源，可供连接到 SQL Server 实例的所有用户使用，并可用于保存显式创建的临时用户对象、SQL Server 数据库引擎创建的内部对象等

　　如果选择系统数据库并右击，然后选择"属性"命令，可以打开该系统数据库的属性页查看相应信息。

　　SQL Server 2008 中提供了相当丰富的系统视图，能够从宏观到微观、从静态到动态反映数据库对象的存储结果、系统性能、系统等待事件等，同时也保留了与早期版本兼容性的视图，主要区别在于 SQL Server 2008 提供的新系统视图，并且内容更加全面、丰富和更加注重命名规则。

SQL Server 2008 的几乎所有对象信息都存储于 SYS.OBJECTS 系统视图中,同时又在不同的系统视图中保留了相应的副本,对于函数、视图、存储过程、触发器等对象的详细资料存储于新的 SYS.SQL_MODULES 视图中。

实验 1.5 查看数据库层面的存储结构信息。

① 查看数据库实例的概要情况:

```
SELECT * FROM SYS.SERVERS
WHERE SERVER_ID = 0
```

兼容性视图:SYS.SYSSERVERS。

② 查看各个数据库的详细信息:

```
SELECT * FROM SYS.DATABASES
```

兼容性视图:SYS.SYSDATABASES。

③ 查看文件组的详细信息:

```
SELECT * FROM SYS.FILEGROUPS
```

兼容性视图:SYS.SYSFILEGROUPS。

④ 查看各个数据库文件的详细信息:

```
SELECT * FROM SYS.MASTER_FILES
```

兼容性视图:SYS.SYSALTFILES。

⑤ 查看当前数据库文件的详细信息:

```
SELECT * FROM SYS.DATABASE_FILES
```

兼容性视图:SYS.SYSFILES。

⑥ 查看数据空间的详细情况,可以是文件组或分区方案:

```
SELECT * FROM SYS.DATA_SPACES
```

实验 1.6 查看数据库中数据表的存储信息。

通过以下系统表可以大致了解数据表在数据库中是如何定义的,其下视图提供了基本的数据库对象信息。

首先创建一张表和一些索引。

```
CREATE TABLE test
(
    id int NOT NULL,
    name char(100) NULL,
    CONSTRAINT PK_test PRIMARY KEY CLUSTERED ( id ASC)
)
CREATE NONCLUSTERED INDEX IX_test ON test(name)
```

① 由于几乎所有的用户对象信息都出自于 SYS.OBJECTS 表,根据表名称可以查询出"test"表的信息:

```
SELECT *
FROM SYS.OBJECTS
WHERE type_desc = 'USER_TABLE' AND NAME = 'test'
```

② 如果要查询与该表相关的其他所有对象，可以执行以下语句：

```
SELECT * FROM SYS.OBJECTS
WHERE type_desc = 'USER_TABLE' AND NAME = 'test' OR parent_object_id in
(SELECT object_id FROM SYS.OBJECTS
WHERE type_desc = 'USER_TABLE' AND NAME = 'test')
```

③ 通过表字段详细信息，可以查询出相关 column_id：

```
SELECT * FROM SYS.COLUMNS
WHERE OBJECT_ID = '1243151474'
```

④ 通过表索引详细情况，可以清楚地看到存在两个索引：

```
SELECT * FROM SYS.INDEXES
WHERE OBJECT_ID = '1243151474'
```

兼容性视图：SYS.SYSINDEXES。

⑤ 查看表分区信息：

数据库中所有表和索引的每个分区在表中各对应一行，在此处可以看到该表有两个分区，聚集索引即表本身，还有一个是 name 的非聚集索引。partition_id 即分区的 ID，hobt_id 包含此分区的行的数据堆或 B 树的 ID。

```
SELECT * FROM SYS.PARTITIONS
WHERE OBJECT_ID = '1243151474'
```

分配单元情况，数据库中的每个分配单元都在表中占一行。

```
SELECT * FROM SYS.ALLOCATION_UNITS
```

⑥ SYS.ALLOCATION_UNITS 和 SYS.PARTITIONS 一起使用能够反映出某个对象的页面分配和使用情况。

```
SELECT * FROM SYS.ALLOCATION_UNITS U,SYS.PARTITIONS P
WHERE U.TYPE IN (1,3) AND U.CONTAINER_ID = P.HOBT_ID AND P.OBJECT_ID = '1243151474'
UNION ALL
SELECT * FROM SYS.ALLOCATION_UNITS U,SYS.PARTITIONS P
WHERE U.TYPE = 2 AND U.CONTAINER_ID = P.PARTITION_ID AND P.OBJECT_ID = '1243151474'
```

⑦ 返回每个分区的页和行的计数信息：

```
SELECT * FROM SYS.DM_DB_PARTITION_STATS
WHERE OBJECT_ID = '1243151474'
```

⑧ 返回索引的详细字段情况：

```
SELECT * FROM SYS.INDEX_COLUMNS
WHERE OBJECT_ID = '1243151474'
```

兼容性视图：SYS. SYSINDEXKEYS。

⑨ 数据库用户表：

```
SELECT * FROM SYS.DATABASE_PRINCIPALS
```

兼容性视图：SYS. SYSUSERS。

⑩ 数据库数据类型表：

```
SELECT * FROM SYS.TYPES
```

兼容性视图：SYS. SYSTYPES。

四、注意事项

（1）在服务器已经"停止"或"暂停"的情况下需要相关服务时应重新启动 SQL Server 2008 服务器。

（2）系统数据信息一般都存储在系统数据库 master 中。

五、思考题

（1）在 SQL Server Management Studio 中可以进行哪些常用操作？

（2）如何查看函数、视图、存储过程、触发器等相应对象的详细信息？

六、练习题

1. 分析实验指导部分 SQL Server 2008 基本信息例子的实验结果。

2. 创建一个新的数据库，查看数据库中存储的相关信息。

3. 在习题 2 创建的数据库中创建一个新的数据表，查看相关系统信息。

4. 在习题 2 创建的数据库中创建一个存储过程，查看相关系统信息。

实验二 | 数据库的创建与管理

一、实验目的

要求学生熟练使用 SQL Server Management Studio、T-SQL 语句创建和管理数据库，并学会使用 SQL Server 查询分析器接收 T-SQL 语句和进行结果分析。

二、实验内容

(1) 创建数据库。

(2) 查看和修改数据库的属性。

(3) 修改数据库的名称。

(4) 删除数据库。

三、实验指导

1. 创建数据库

在 SQL Server 2008 中创建数据库的方法有两种，一是利用 SQL Server Management Studio 创建数据库，二是使用 T-SQL 语句创建数据库。

实验 2.1 利用 SQL Server Management Studio 创建教学管理数据库，其数据库名为"JXGL"，初始大小为 3MB，最大为 50MB，数据库按 1MB 比例自动增长；日志文件的初始大小为 1MB，最大可增长到 20MB，按 10％增长。数据库的逻辑文件名为"JXGL"、物理文件名为"JXGL.mdf"、存放路径为"D:\JXGLSYS"。日志文件的逻辑文件名为"JXGL_log"、物理文件名为"JXGL_log.ldf"、存放路径为"D:\JXGLSYS"。

操作步骤如下：

① 在"对象资源管理器"中选中"数据库"文件夹，然后右击，在弹出的快捷菜单中选择"新建数据库"命令，弹出"新建数据库"对话框，如图 1.2.1 所示。

② 在"新建数据库"对话框的"数据库名称"文本框中输入"JXGL"，并修改数据库中数据文件的文件名、初始大小、保存位置。

③ 单击"确定"按钮，就可以创建 JXGL 数据库。如果在 SQL Server Management Studio 窗口中出现了 JXGL 数据库标志，则表明建库工作已经完成。

说明：由于文件能自动增长，所以初始大小不要设置得太大(一般不设置其最大值)，考虑到硬盘的大小，最大值一定要小于所在盘的大小。

实验 2.2 使用 T-SQL 语句创建学籍管理数据库，其数据库名为"EDUC"，初始大小为 10MB，最大为 50MB，数据库自动增长，增长方式是按 5％比例增长；日志文件的初始大小

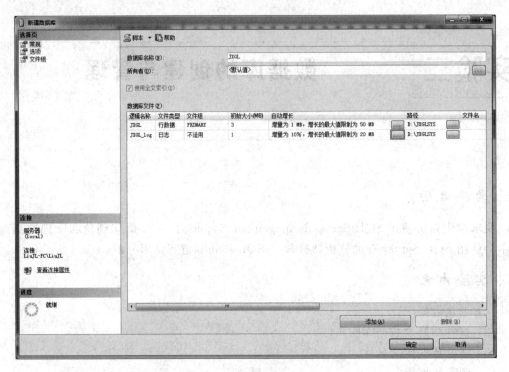

图 1.2.1 "新建数据库"对话框

为 2MB,最大可增长到 5MB,按 1MB 增长。数据库的逻辑文件名为"student_data"、物理文件名为"student_data.mdf"、存放路径为"D:\sql_data"。日志文件的逻辑文件名为"student_log"、物理文件名为"student_log.ldf"、存放路径为"D:\sql_data"。

单击"常用"工具栏中的"新建查询"按钮,就可以新建一个数据库引擎查询文档。然后参照教材的第 5 章,在查询文档中输入创建数据库的 T-SQL 语句。

在此,在数据库引擎查询文档中输入如下创建数据库的语句,如图 1.2.2 所示。

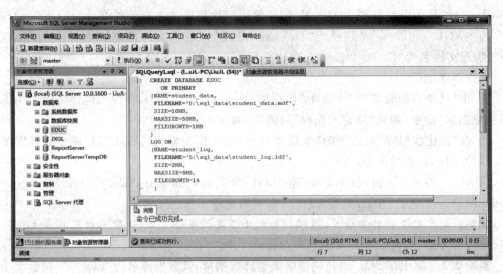

图 1.2.2 创建数据库的 T-SQL 语句

```
CREATE DATABASE EDUC
  ON PRIMARY
(
  NAME = student_data,
  FILENAME = 'D:\sql_data\student_data.mdf',
  SIZE = 10MB,
  MAXSIZE = 50MB,
  FILEGROWTH = 1MB
)
LOG ON
(
  NAME = student_log,
  FILENAME = 'D:\sql_data\student_log.ldf',
  SIZE = 2MB,
  MAXSIZE = 5MB,
  FILEGROWTH = 1 %
)
```

下面对其参数进行说明。

- ON：数据文件的描述，使用 PRIMARY 表示创建的是主数据文件（LOG ON 是事务日志的描述）。
- NAME：逻辑文件名，符合标识符的命名规则，在修改数据库文件时利用它指定要修改的数据库文件。
- FILENAME：数据库文件要保存的路径及文件名。
- SIZE：数据库文件的初始大小。
- MAXSIZE：数据库文件的最大值。
- FILEGROWTH：数据库文件的自动增长率，可以是百分比，也可以是具体的值（单位为 MB）。

SQL 语句不区分大小写，每一项的分隔符都是"逗号"，并且最后一项没有逗号。

正确输入后，按键盘上的 F5 键或单击"执行"按钮，就可以执行该 SQL 语句，创建指定数据库文件位置的数据库。

2. 查看和修改数据库属性

对于已经建好的数据库，有时还需要对它的属性参数进行查看和修改。在 Microsoft SQL Server 2008 系统中，查看数据库信息有很多方法。

实验 2.3 使用 SQL Server Management Studio 查看和修改数据库属性。

查看和修改数据库 EDUC 属性的步骤如下：

① 在"对象资源管理器"中展开"数据库"文件夹，右击"EDUC"，在弹出的快捷菜单中选择"属性"命令，弹出"数据库属性-EDUC"对话框，如图 1.2.3 所示。

② 在该对话框中选择"文件"，就可以对数据库文件进行修改。用户可以增加数据库文件，也可以删除数据库文件，还可以修改数据库文件的逻辑名、大小、增长率。

说明：不可以修改数据库文件的文件类型、文件所在的文件组、路径，以及文件的文件名。

③ 选择"文件组"，可以查看当前数据库的文件组情况，并且可以增加、删除文件组，修改文件组信息。

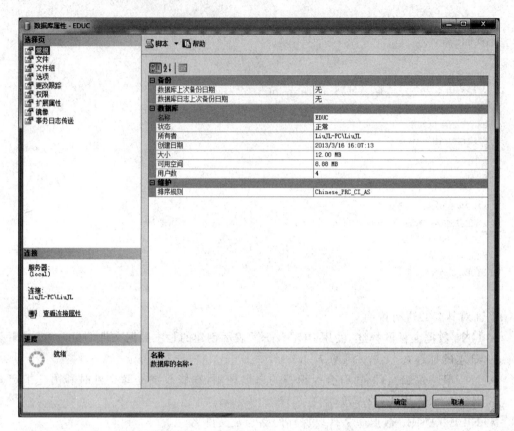

图 1.2.3 "数据库属性-EDUC"对话框

④ 在该对话框中还可以对选项、权限等进行设置。

实验 2.4 使用目录视图、系统函数和系统存储过程等查看数据库的基本信息。

① 通过目录视图 sys.databases 查看数据库的属性。

通过查询 sys.databases 目录视图来查看 EDUC 数据库的几个属性。此例返回数据库ID 号(database_id)、数据库是只读还是读/写的(is_read_only)、数据库的排序规则(collation_name)和数据库的兼容级别(compatibility_level)。

```
USE EDUC
GO
SELECT database_id,is_read_only,collation_name,compatibility_level
FROM sys.databases WHERE name = 'EDUC'
GO
```

② 使用系统函数 DATABASEPROPERTYEX 查看数据库的属性。

AUTO_SHRINK 用于检查数据库的自动收缩是否开启,频繁收缩和展开数据库可能会导致物理碎片增多。

```
USE EDUC;
GO
SELECT DATABASEPROPERTYEX('EDUC', 'IsAutoShrink')
GO
```

此例返回 EDUC 数据库中 AUTO_SHRINK 数据库选项的状态,返回 1 表示将该选项设置为 ON,返回 0 表示将该选项设置为 OFF。

③ 利用系统函数 OBJECTPROPERTY 查看当前数据库所有用户表的名称。

```
USE JXGL
GO
SELECT OBJECT_NAME(id) AS '数据表名'
FROM sysobjects
WHERE xtype = 'U' AND OBJECTPROPERTY(id, 'IsMSShipped') = 0
GO
```

其中主要用到了系统表 sysobjects 及其属性 xtype,另外还用到了 OBJECTPROPERTY 系统函数来判断是不是安装 SQL Server 过程中创建的对象。

④ 使用系统存储过程 sp_spaceused 查看数据库 EDUC 的空间信息。

```
USE EDUC
GO
EXEC sp_spaceused
GO
```

在 SQL Server 2008 系统中,还可以使用其他目录视图、系统函数、系统存储过程查看有关数据库的基本信息,如表 1.2.1 所示。

表 1.2.1　查看数据库信息的系统

类　　型	系统视图、函数、存储过程	说　　明
目录视图	sys. databases	查看有关数据库的基本信息
	sys. database_files	查看有关数据库文件的信息
	sys. filegroups	查看有关数据库文件组的信息
	sys. master_files	查看数据库文件的基本信息和状态信息
系统函数	databasepropertye()	查看指定数据库中的指定选项信息
	suser_name()	查看用户登录名
	db_name()	查看数据库名
	object_name()	查看数据库对象名
系统存储过程	sp_helpdb	显示有关数据库和数据库参数的信息
	sp_spaceused	查看数据库空间信息
	sp_dboption	查看数据库选项信息

3. 修改数据库属性

修改数据库文件的操作主要有增加、修改和删除数据库的数据文件、日志文件等操作。

实验 2.5　修改数据库的相关属性。

① 在数据库 JXGL 中增加辅助数据文件 xs_data,需要在数据库引擎查询文档中输入以下语句:

```
USE JXGL
GO
ALTER DATABASE JXGL
ADD FILE
```

```
(
  NAME = xs_data,
  FILENAME = 'D:\JXGLSYS\xs_data.ndf',
  SIZE = 3MB,
  MAXSIZE = 10MB
)
GO
```

在增加数据文件之前，要先获得修改权限，即执行"ALTER DATABASE 数据库名"，然后再添加数据文件。其具体参数有 5 项，与创建数据文件相同。在添加数据文件项中，NAME 项是必不可少的。

正确输入后，按键盘上的 F5 键或单击"执行"按钮就可以执行该 SQL 语句，这样就给数据库 JXGL 增加了一个新的数据文件。

② 增加辅助日志文件。

在数据库 JXGL 中增加事务日志文件 xs_log，需要在数据库引擎查询文档中输入以下语句：

```
USE JXGL
GO
ALTER DATABASE JXGL
ADD LOG FILE
(
  NAME = xs_log,
  FILENAME = 'D:\JXGLSYS\xs_log.ldf',
  FILEGROWTH = 10 %
)
GO
```

增加日志文件和增加数据文件的方法大致相同，唯一不同的是，增加数据文件的语句是 ADD FILE，而增加日志文件的语句是 ADD LOG FILE。

正确输入后，按键盘上的 F5 键或单击"执行"按钮就可以执行该 SQL 语句，这样就给数据库 JXGL 增加了一个新的事务日志文件。

用户可以展开"数据库"，选定"JXGL"右击，在弹出的快捷菜单中选择"属性"命令，打开"数据库属性-JXGL"对话框，在"文件"选择页中查看添加的文件，包括数据文件和日志文件，如图 1.2.4 所示。

③ 修改数据库文件。

对于修改数据库 JXGL 中的日志文件的初始大小和最大值，在此将日志文件 xs_log 的"初始大小"1MB，"增长的最大值限制"2 097 152MB 依次修改为 3MB、5MB，需要在数据库引擎查询文档中输入以下语句：

```
USE JXGL
GO
ALTER DATABASE JXGL
MODIFY FILE
(
  NAME = xs_log,
```

```
    SIZE = 3,
    MAXSIZE = 5
)
GO
```

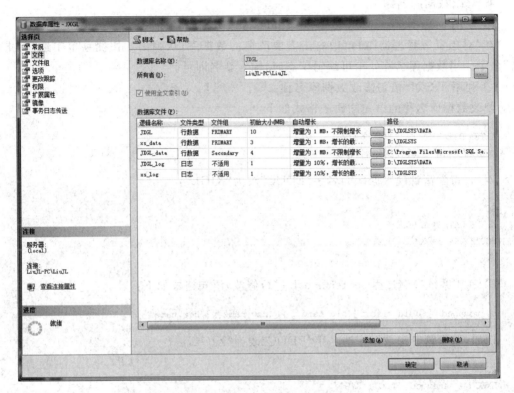

图 1.2.4　查看新添加的文件

在修改数据库文件前,要先用"ALTER DATABASE 数据库名"获得修改权限,然后再修改数据库文件,修改语句是 MODIFY FILE。还要注意要修改哪个数据库文件,用 NAME 属性指定,可以修改数据库文件的大小、最大值、增长率等属性。修改数据库的数据文件与事务日志文件的代码相同。

正确输入后,按键盘上的 F5 键或单击"执行"按钮就可以执行该 SQL 语句,这样就修改了数据库 JXGL 的 xs_log 文件。同样,可以在"数据库属性-JXGL"对话框的"文件"选择页中查看到修改的文件属性。

④ 删除日志文件。

如果要删除 JXGL 数据库中的日志文件 xs_log,需要在数据库引擎查询文档中输入以下语句:

```
USE JXGL
GO
ALTER DATABASE JXGL
REMOVE FILE xs_log
GO
```

在删除数据文件之前,要先获得权限,即执行"ALTER DATABASE 数据库名",然后

实验二

数据库的创建与管理

再删除数据文件,代码是 REMOVE FILE xs_log。

正确输入后,按键盘上的 F5 键或单击"执行"按钮就可以执行该 SQL 语句,这样就删除了数据库 JXGL 的日志文件 xs_log。

4. 修改数据库名称

① 使用 SQL Server Management Studio 修改数据库名称。

在"对象资源管理器"窗口中右击需要改名的数据库,从弹出的快捷菜单中选择"重命名"命令。当数据库名称处于可编辑状态时,输入新名即可。

② 利用 T-SQL 语句修改数据库名称。

修改数据库名称的语句的语法格式如下:

```
ALTER DATABASE 原数据库名称
MODIFY NAME = 新数据库名称
```

例如,将学籍管理数据库的名字"EDUC"改为"XJGL":

```
GO
ALTER DATABASE EDUC
MODIFY NAME = XJGL
GO
```

③ 利用系统存储过程 sp_renamedb 进行修改,语句格式如下:

```
sp_renamedb [@old_name = ]'old_name', [@new_name = ]'new_name'
```

例如,将学籍管理数据库的名字"EDUC"改为"XJGL":

```
GO
EXEC sp_renamedb 'EDUC', 'XJGL'
GO
```

5. 删除数据库

删除数据库的方法有两种,即利用 SQL Server Management Studio 直接删除,或利用 T-SQL 代码进行删除。

① 利用 SQL Server Management Studio 删除数据库。

进入 SQL Server Management Studio 界面,然后选择要删除的数据库,右击,在弹出的快捷菜单中选择"删除"命令,弹出"删除对象"对话框,在该对话框中单击"确定"按钮即可。

② 利用 T-SQL 语句删除数据库。

在实际编程中,一般利用代码来删除数据库,需要在数据库引擎查询文档中输入以下代码:

```
DROP DATABASE 数据库名
```

正确输入后,按键盘上的 F5 键或单击"执行"按钮执行该 SQL 语句,这样就删除了指定的数据库。

四、注意事项

(1) 在创建大型数据库时,要尽量把主数据文件和事务日志文件放在不同路径下,这样能够提高数据读取的效率。

（2）可以利用 ALTER DATABASE…MODIFY FILE 语句修改数据库中的数据文件名和日志文件名。

五、思考题

（1）SQL Server 2008 物理数据库中包含哪些类型的文件？

（2）SQL Server 2008 中数据文件和日志文件的作用是什么？

六、练习题

1. 使用 SQL Server Management Studio 创建一个名为"XSCJ"的学生成绩数据库，其初始大小为 5MB、最大为 30MB，该数据库自动增长，增长方式是按 1％比例增长；日志文件的初始大小为 1MB，最大可增长到 10MB，按 1MB 增长。数据库的逻辑文件名为"student_grade"、物理文件名为"student_grade.mdf"、存放路径为"D:\XSCJSYS"。日志文件的逻辑文件名为"student_log"、物理文件名为"student_log.ldf"、存放路径为"D:\XSCJSYS"。

2. 利用 T-SQL 创建一个名为"TSGL"的图书管理数据库，其初始大小为 1MB、最大为 20MB，该数据库自动增长，增长方式是按 5％比例增长；日志文件的初始大小为 2MB，最大可增长到 10MB，按 1MB 增长。数据库的逻辑文件名为"books_data"、物理文件名为"books_data.mdf"、存放路径为"D:\TSGLSYS"。日志文件的逻辑文件名为"books_log"、物理文件名为"books_log.ldf"、存放路径为"D:\TSGLSYS"。

实验三 数据表的创建与管理

一、实验目的

要求学生熟练掌握 SQL Server Management Studio 的使用和利用 T-SQL 语句进行数据表的创建和删除,并对数据表和表中的数据进行有效的管理。

二、实验内容

分别使用 SQL Server Management Studio 和 T-SQL 语句创建和删除数据表、修改表结构,以及输入、更新数据。

三、实验指导

1. 数据表的定义

实验 3.1 在 JXGL 数据库中,使用 SQL Server Management Studio 建立 S、C 和 SC 3个表,其结构如表 1.3.1～表 1.3.3 所示。

表 1.3.1　学生表 S 的结构

列　　名	描　　述	数 据 类 型	允 许 空 值	说　　明
sno	学号	char(8)	NO	主键
sname	姓名	char(8)	NO	
age	年龄	smallint	YES	
sex	性别	char(2)	YES	
sdept	所在系	varchar(50)	YES	

表 1.3.2　课程表 C 的结构

列　　名	描　　述	数 据 类 型	允 许 空 值	说　　明
cno	课程号	char(4)	NO	主键
cname	课程名	char(20)	NO	
credit	学分	float	YES	
pcno	先修课	char(4)	YES	
describe	课程描述	varchar(100)	YES	

表 1.3.3 选课表 SC 的结构

列 名	描 述	数据类型	允许空值	说 明
sno	学号	char(8)	NO	主键(同时是外键)
cno	课程号	char(4)	NO	主键(同时是外键)
grade	成绩	float	YES	

具体步骤如下：

① 在 SQL Server Management Studio 的对象管理器中单击数据库前面的"＋"号，选择"表"并右击，在弹出的快捷菜单中选择"新建表"命令，打开设计表字段对话框，如图 1.3.1 所示。

图 1.3.1 设计表字段对话框

② 设计表的字段。在设计表字段对话框中有 3 个参数，即列名、数据类型和允许 Null 值。"列名"就是数据库表的字段名，"数据类型"是字段值的类型，即整型、字符型、日期/时间型等，"允许 Null 值"用来设置该字段中的值能不能为空。"列属性"显示在设计表字段对话框的底部窗格中，包含"常规"和"表设计器"两个部分。

展开"常规"可显示"名称"、"长度"、"默认值或绑定"、"数据类型"、"允许 Null 值"选项。

- 名称：显示所选列的名称。
- 长度：显示基于字符的数据类型所允许的字符数。此属性仅可用于基于字符的数据类型。
- 默认值或绑定：当没有为此列指定值时显示此列的默认值。此字段的值可以是

实
验
三

数据表的创建与管理

SQL Server 默认约束的值,也可以是此列被绑定到的全局约束的名称。该下拉列表中包含数据库中定义的所有全局默认值。若要将该列绑定到某个全局默认值,可以从下拉列表中进行选择。另外,若要为该列创建默认约束,可以直接以文本格式输入默认值。

- 数据类型:显示所选列的数据类型。若要编辑此属性,只需单击该属性的值,展开下拉列表,然后选择其他值即可。
- 允许 Null 值:指示此列是否允许空值。若要编辑此属性,只需在设计表字段对话框的顶部窗格中选中与列对应的"允许 Null 值"复选框即可。

展开"表设计器",可看到以下选项。

- 标识规范:显示此列是否对其值强制唯一性的相关信息。此属性的值是否为标识列以及是否与子属性"是标识"的值相同。
- 标识种子:显示在此标识列的创建过程中指定的种子值。默认情况下,会将值 1 赋给该单元格。
- 标识增量:显示在此标识列的创建过程中指定的增量值。默认情况下,会将值 1 赋给该单元格。
- 计算列规范:显示计算所得列的相关信息。该属性显示的值与"公式"子属性的值相同,可显示计算所得列的公式。
- 公式:显示计算所得列的公式。
- 简洁数据类型:按与 SQL CREATE TABLE 语句同样的格式显示有关字段的数据类型的信息。
- 排序规则:显示当使用列值对查询结果的行进行排序时,SQL Server 默认对列应用的排序规则顺序。

③ 设计好表的字段后,单击"关闭"按钮(或直接单击"保存"按钮),弹出是否要保存更改的提示对话框,如图 1.3.2 所示。

图 1.3.2　是否要保存更改的提示对话框

④ 单击"是"按钮,弹出选择名称的提示对话框,在这里命名为"S",单击"确定"按钮,则建好了 S 表。

用同样的方法,可以建立如表 1.3.2 中结构的 C 表和如表 1.3.3 中结构的 SC 表。

实验 3.2 在学生管理数据库 EDUC 中,利用 T-SQL 语句创建数据表。

表结构如表 1.3.4～表 1.3.10 所示。

表 1.3.4 学生信息表 Student_info 的结构

列 名	描 述	数 据 类 型	允 许 空 值	说 明
sno	学生学号	char(8)	NO	主键
sname	学生姓名	char(8)	NO	
sex	学生性别	char(2)	YES	
s_native	籍贯	varchar(50)	YES	
birthday	学生出生日期	smalldatetime	YES	
dno	学生所在院系编号	char(4)	YES	外键
classno	班级号	char(4)	YES	外键
entime	学生入校时间	smalldatetime	YES	
home	学生家庭住址	varchar(50)	YES	
tel	学生联系电话	char(12)	YES	

表 1.3.5 课程信息表 Course_info 的结构

列 名	描 述	数 据 类 型	允 许 空 值	说 明
cno	课程编号	char(10)	NO	主键
cname	课程名称	char(20)	NO	
experiment	实验时数	tinyint	YES	
lecture	授课学时	tinyint	YES	
semester	开课学期	tinyint	YES	
credit	课程学分	tinyint	YES	

表 1.3.6 学生成绩信息表 SC_info 的结构

列 名	描 述	数 据 类 型	允 许 空 值	说 明
sno	学生学号	char(8)	NO	主键(同时是外键)
tcid	上课编号	char(2)	NO	主键(同时是外键)
score	学生成绩	tinyint	YES	

表 1.3.7 教师信息表 Teacher_info 的结构

列 名	描 述	数 据 类 型	允 许 空 值	说 明
tno	教师编号	char(8)	NO	主键
tname	教师姓名	char(8)	NO	
sex	教师性别	char(2)	YES	
birthday	教师出生日期	smalldate	YES	
dno	教师所在院系编号	char(4)	YES	外键
title	教师职称	char(14)	YES	

列　名	描　述	数据类型	允许空值	说　明
home	教师家庭住址	varchar(50)	YES	
tel	教师电话	char(12)	YES	

表 1.3.8　教师上课信息表 TC_info 的结构

列　名	描　述	数据类型	允许空值	说　明
tcid	上课编号	char(2)	NO	主键
tno	教师编号	char(8)	YES	外键
score	学生成绩	tinyint	YES	
classno	班级号	char(4)	YES	外键
cno	课程编号	char(10)	NO	外键
semester	学期	char(6)	YES	
schoolyear	学年	char(10)	YES	
classroom	上课地点	varchar(50)	YES	
classtime	上课时间	varchar(50)	YES	

表 1.3.9　院系信息表 Dept_info 的结构

列　名	描　述	数据类型	允许空值	说　明
dno	院系编号	char(4)	NO	主键
dname	院系名称	char(16)	NO	
d_chair	院系领导	char(8)	YES	
d_address	院系地址	varchar(50)	YES	
tel	电话号码	char(12)	YES	

表 1.3.10　班级信息表 Class_info 的结构

列　名	描　述	数据类型	允许空值	说　明
classno	班级编号	char(4)	NO	主键
classname	班级名称	char(16)	NO	
monitor	班长	char(8)	YES	
instructor	辅导员姓名	char(8)	YES	
dno	院系编号	char(4)	NO	外键

　　由各数据表之间的联系可以看出，应依次创建院系信息表 Dept_info、班级信息表 Class_info、学生信息表 Student_info、教师信息表 Teacher_info、课程信息表 Course_info，最后创建学生成绩信息表 SC_info 和教师上课信息表 TC_info。在该实验中只给出前 3 个数据表的代码，其他数据表的创建代码类似。

　　① 创建院系信息表 Dept_info 的代码：

```
USE EDUC
GO
CREATE TABLE Dept_info
(
```

```
    dno char(4) primary key,
    dname char(16) not null,
    d_chair char(8),
    d_address varchar(50),
    tel char(12)
)
GO
```

② 创建班级信息表 Class_info 的代码：

```
USE EDUC
GO
CREATE TABLE Class_info
(
    classno char(4) primary key,
    classname char(16) not null,
    monitor char(8),
    instructor char(8),
    tel char(12),
    dno char(4),
    foreign key (dno) REFERENCES Dept_info(dno)
)
GO
```

③ 创建学生信息表 Student_info 的代码：

```
USE EDUC
GO
CREATE TABLE Student_info
(
    sno char(8) primary key,
    sname char(8) not null,
    sex char(2),
    s_native varchar(50),
    birthday smalldatetime,
    dno char(4),
    classno char(4),
    entime smalldatetime,
    home varchar(50),
    tel char(12),
    foreign key (dno) REFERENCES Dept_info(dno),
    foreign key (classno) REFERENCES Class_info(classno)
)
GO
```

2. 数据的输入和更新

（1）使用 SQL Server Management Studio 直接输入和修改数据。

在"对象资源管理器"中依次展开"数据库"→JXGL→"表"，选择要输入数据的表，然后右击，在弹出的快捷菜单中选择"编辑前 200 行"命令，界面如图 1.3.3 所示。

如果要删除记录，只需选择行头，然后右击，在弹出的快捷菜单中选择"删除"命令，在弹

数据表的创建与管理

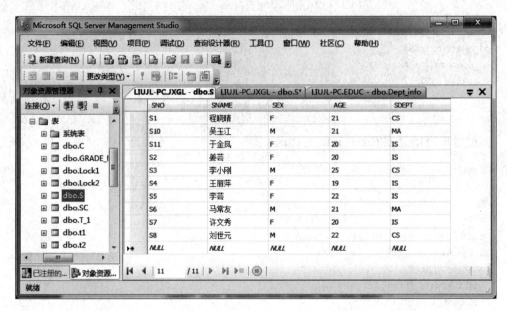

图 1.3.3　SQL Server Management Studio 输入和修改数据界面

出的删除提示对话框中单击"是"按钮。

如果要修改某条记录,选择该记录所对应的字段项就可以直接修改。

注意:对于有外关键字字段值的输入,需要先输入参照数据表中的数据。

(2) 使用 T-SQL 语句向数据表中插入和更新数据。

实验 3.3　使用 T-SQL 语句向数据表中插入和更新数据。

① 要向数据表 S 中插入记录('S13','吕淑霞',19,'女','CS'),则在数据库引擎查询文档中输入以下语句:

```
USE JXGL
GO
INSERT INTO S(sno,sname,age,sex,sdept)
VALUES('S13','吕淑霞',19,'女','CS')
GO
```

在上述代码中,利用插入语句向数据表中插入了一条记录。语句格式如下:

```
INSERT INTO 表名(字段名1,字段名2,…) values(字段值1,字段值2,…)
```

使用插入语句时要注意以下几点:

- 字段名的个数要与字段值的个数相同。
- 在插入时,字段名与字段值按对应位置进行插入,所以,字段值的类型要与相应字段名的数据类型相同。
- 如果字段名允许为空,则可以用 NULL 代替没有填写的项。在这里要注意允许为空的含义,允许为空是指该字段值存在,但现在不知道。

正确输入后,按键盘上的 F5 键或单击"执行"按钮执行该 SQL 语句,这样就可以向数据表插入数据了。

② 吕淑霞同学选修了"电子商务"这门课,期末考试成绩为 95 分,SQL 语句如下:

```
USE JXGL
GO
INSERT INTO SC(sno,cno,grade) VALUES( 'S13', 'C10',95)
GO
```

其中,'S13'、'C10'分别为吕淑霞同学的学号和"电子商务"的课程号。当然,也可以只给指定属性赋值:

```
USE JXGL
GO
INSERT INTO SC(sno,cno) VALUES( 'S13', 'C9')
GO
```

③ 修改吕淑霞同学的"电子商务"的成绩为 90。

```
USE JXGL
GO
UPDATE SC SET GRADE = 90
WHERE SNO = 'S13' AND CNO = 'C10'
GO
```

④ 在表 SC 中删除学号为'S13'和课程号为'C10'的记录。

```
USE JXGL
GO
DELETE FROM SC WHERE sno = 'S13' and cno = 'C10'
GO
```

3. 数据表结构的修改

(1) 使用 SQL Server Management Studio 修改表结构。

选定要修改的数据表,然后右击,在弹出的快捷菜单中选择"设计"命令,打开设计数据表结构的修改界面进行修改。

(2) 使用 T-SQL 语句修改表结构。

先打开表所在的数据库,然后使用 ALTER 语句增加、修改或删除字段的相关信息。

实验 3.4 修改数据表结构。

① 为学生表 S 中的年龄字段"age"增加约束,限制年龄在 15 岁到 30 岁之间(包括 15 岁和 30 岁)。

```
USE JXGL
GO
ALTER TABLE S
ADD CONSTRAINT CON_age CHECK(age >= 15 and age <= 30)
GO
```

② 在学生表 S 中增加班级字段"class",其类型为可变字符串类型(varchar),长度为 20。

```
USE JXGL
GO
ALTER TABLE S ADD class varchar(20)
```

数据表的创建与管理

```
GO
```

③ 修改学生表 S 中的班级字段"class"的长度为 50。

```
USE JXGL
GO
ALTER TABLE S ALTER COLUMN class varchar(50)
GO
```

④ 删除学生表 S 中的班级字段"class"。

```
USE JXGL
GO
ALTER TABLE S DROP COLUMN class
GO
```

4. 查看数据表信息

利用 sp_spaceused 和 sp_MSforeachtable 两个存储过程,可以方便地统计出用户数据表的大小,包括记录总数和空间占用情况。

实验 3.5 查看数据表的相关信息。

① 查看表 S 的空间大小等信息:

```
USE JXGL
GO
EXEC sp_spaceused 'S'
GO
```

② 查看所有用户表的空间大小等信息:

```
USE JXGL
GO
EXEC sp_MSforeachtable "exec sp_spaceused '?'"
GO
```

四、注意事项

(1) 输入数据时要注意数据类型、主键和数据约束的限制。

(2) 更改和删除数据时要注意外键约束。

五、思考题

(1) 数据库中一般不允许更改主键数据。如果需要更改主键数据,应怎样处理?

(2) 为什么不能随意删除被参照表中的主键?

六、练习题

1. 创建数据表。分别使用 SQL Server Management Studio 和 T-SQL 命令创建图书管理数据库 TSGL 中的 4 个数据表的结构:readers(读者信息表)、books(图书信息表)、borrowinfo(借阅信息表)、readtype(读者类型表)。各表的结构如表 1.3.11～表 1.3.14 所示。

表 1.3.11　readers 表的结构

列　　名	描　　述	数 据 类 型	允 许 空 值	说　　明
ReaderID	读者编号	char(10)	NO	主键
Name	读者姓名	char(8)	YES	
RederType	读者类型	int	YES	外键
BorrowedQuantity	已借数量	int	YES	

表 1.3.12　books 表的结构

列　　名	描　　述	数 据 类 型	允 许 空 值	说　　明
BookID	图书编号	char(15)	NO	主键
Name	图书名称	varchar(50)	YES	
Author	作者	char(8)	YES	
Publisher	出版社	varchar(30)	YES	
PublishedDate	出版日期	smalldatetime	YES	
Price	价格	real	YES	

表 1.3.13　borrowinfo 表的结构

列　　名	含　　义	数 据 类 型	允 许 空 值	说　　明
ReaderID	读者编号	char(10)	NO	主键(同时是外键)
BookID	图书编号	char(15)	NO	主键(同时是外键)
BorrowedDate	借阅日期	datetime	NO	
ReturnDate	归还日期	datetime	YES	

表 1.3.14　readtype 表的结构

列　　名	含　　义	数 据 类 型	允 许 空 值	主　　键
TypeID	类型编号	int	NO	主键
Name	类型名称	varchar(20)	NO	
LimitBorrowQuantity	限借数量	int	YES	
BorrowTerm	借阅期限(月)	int	YES	

注意：该表中的数据至少包括教师、学生和其他人 3 种类型。

2. 向数据表中输入数据。

利用 SQL Server Management Studio 和 T-SQL 向表中输入数据。

3. 依照上述实验,完成下列操作：

(1) 用 INSERT 命令在 readers 表中插入两条记录。

(2) 用 UPDATE 命令将 readtype 表中教师的限借数量修改为 30、借阅期限修改为 180 天。

(3) 用 DELETE 命令删除书名为"数据结构"的图书信息。

实验四 数据库约束实验

一、实验目的

(1) 理解数据库完整性约束的概念。

(2) 掌握 SQL Server 的完整性约束技术。

(3) 了解 SQL Server 的违反完整性约束的处理措施。

二、实验内容

(1) 理解域完整性、实体完整性、参照完整性和用户定义完整性的意义。

(2) 定义和管理主键(PRIMARY KEY)约束、外键(FOREIGN KEY)约束、唯一性(UNIQUE)约束。

(3) 定义和管理检查(CHECK)约束、默认值(DEFAULT)约束、允许空值约束。

三、实验指导

数据库完整性约束包括域完整性、实体完整性、参照完整性和用户定义完整性约束,其中,域完整性约束、实体完整性和参照完整性约束是关系模型必须满足的完整性约束条件。域完整性约束是保证数据库字段取值的合理性约束。

在 SQL Server 中,可以通过建立"约束"等措施来实现数据完整性约束,约束包括 5 种类型,即主键(PRIMARY KEY)约束、唯一性(UNIQUE)约束、检查(CHECK)约束、默认值(DEFAULT)约束和外键(FOREIGN KEY)约束。

在数据库 JXGL 中进行下列实验。

1. 主键(PRIMARY KEY)约束

主键约束指在表中定义一个主键来唯一确定表中每一行数据的标识符。对于主键约束,一些数据库具有不同的规则。

实验 4.1 主键的设置和管理。

- 在"表设计器"中设置主键。
- 在表的"属性"窗口和"数据库关系图"中定义表之间的关系。
- 用 CREATE TABLE 和 ALTER TABLE 语句定义主键。
- 用 CREATE TABLE 和 ALTER TABLE 语句定义表之间的关系。

(1) 在 SQL Server Management Studio 窗口中设置和修改主键。

在数据库关系图(如图 1.4.1 所示)或表设计器(如图 1.4.2 所示)中,单击要定义为主键的数据库列的行选择器。如果要选择多列,在单击其他列的行选择器时按住 Ctrl 键。然后右击该列的行选择器,选择"设置主键"命令,自动创建名为"PK_"(后跟表名)的主键索引,用户可以在属性页的"索引/键"选项卡上看到它。

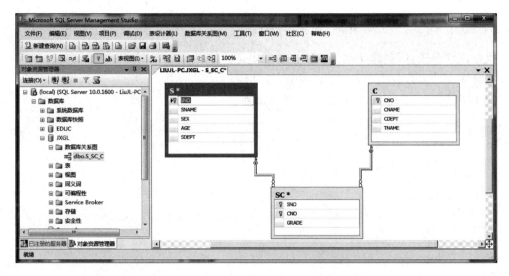

图 1.4.1　利用数据库关系图管理主键

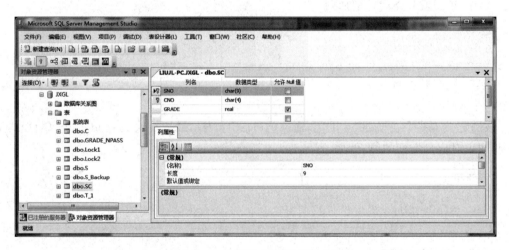

图 1.4.2　利用表设计器管理主键

(2) 用 T-SQL 语句定义和修改主键。

① 在教学管理数据库 JXGL 中创建学生表 S 的同时定义主键。

```
CREATE TABLE S
(
    sno char(9) PRIMARY KEY,
    sname char(8),
    sex char(2),
    age smallint,
    sdept varchar(50)
)
```

② 如果在定义数据库表 S 时没有定义 sno 为主键,则需要添加主键。

```
ALTER TABLE S
ADD
CONSTRAINT PK_sno PRIMARY KEY clustered(sno)
```

执行该程序段,则创建了名为 PK_sno 的主键。

实验 4.2 SQL 自增字段 int identity(1,1)。

① 可以用 int identity(1,1)类型定义自增列。

```
USE JXGL
GO
CREATE TABLE S
(
  sno int identity(1,1),
  sname char(8),
  sex char(2),
  age smallint,
  sdept varchar(50)
)
```

② 在 SELECT 查询时增加列。

```
USE JXGL
GO
SELECT identity( int,1,1) AS ♯ID, * INTO ♯tmp FROM S
SELECT * FROM ♯tmp
GO
```

该例定义了一个自增列"♯ID"。而@@identity 表示最近一次具有 identity 属性(即自增列)的表对应自增列的值,例如:

```
USE JXGL
GO
SELECT @@identity
GO
```

2. 唯一性(UNIQUE)约束

唯一性约束用于确保列中的值是唯一的。用户可对一列或多列定义唯一性约束,但必须将唯一性约束中包括的每一列都定义为 NOT NULL。

实验 4.3 唯一性约束的设置与删除。

(1) 在 SQL Server Management Studio 窗口中设置和删除唯一性约束。

在表设计器中可以创建和删除 UNIQUE 约束。例如,当学生表 S 中的 sname 列的值不能有重复值时,可设置 UNIQUE 约束,操作步骤如下:

① 在 S 表设计器中右击,在弹出的快捷菜单中选择"索引/键"命令,弹出"索引/键"对话框。

② 在弹出的"索引/键"对话框中单击"添加"按钮,添加新的主/唯一键或索引;然后在"(常规)"栏的"类型"右边选择"唯一键",在列的右边单击 ▪▪▪ 按钮,选择列名 sname 和排

序规律 ASC(升序)或 DESC(降序),如图 1.4.3 所示。

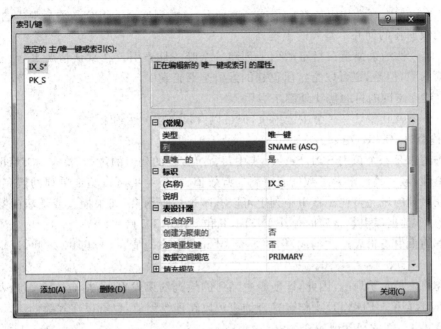

图 1.4.3 "索引/键"对话框

③ 设置完成后,单击"关闭"按钮返回表设计窗口,然后单击工具栏中的"保存"按钮,完成唯一性约束的创建。

(2) 用 T-SQL 语句定义或修改唯一性约束。

在创建表时可将唯一性约束作为 CREATE TABLE SQL 语句的一部分来定义,也可以在创建表之后用 ALTER TABLE 语句添加这些约束。

```
CREATE TABLE S
(
sno char(9) NOT NULL PRIMARY KEY,
sname char(8) NOT NULL CONSTRAINT S_sno UNIQUE,
sex char(2),
age smallint,
sdept varchar(50)
)
```

CONSTRAINT 关键字允许为约束指定名称。在本例中,唯一性约束的名称是 S_sno。如果希望删除特定的约束,可在 ALTER TABLE 语句中使用这个名称。

什么时候需要定义主键约束? 什么时候需要定义唯一性约束呢? 这取决于数据的性质。在以上示例中,S 表中的 sno 用于唯一地标识一名学生,在其他包含与该学生相关信息的表中也使用该值。在此情况下,应该把 sno 定义为主键。SQL Server 在一个表中只允许定义一个主键,为了使姓名不出现重复值,此例中为 sname 设置了唯一性约束。

下面介绍主键约束和唯一性约束的相同点与不同点。

相同点:它们都属于实体完整性约束。

不同点:

（1）唯一性约束所在的列允许空值，但是主键约束所在的列不允许空值。

（2）可以把唯一性约束放在一个或多个列上，这些列或列的组合必须是唯一的。但是，唯一性约束所在的列并不是表的主键列。

（3）唯一性约束强制在指定的列上创建一个唯一性索引。在默认情况下，创建唯一性的非聚簇索引，但是，也可以指定所创建的索引是聚簇索引。

（4）建立主键的目的是让外键来引用。

（5）一个表最多只有一个主键约束，但可以有很多唯一性约束。

3. 检查（CHECK）约束

检查约束是一个识别 SQL Server 表中每行可接受的列值的规则，检查约束帮助用户实施域完整性，域完整性定义了数据表中列的有效值，检查约束可以验证单列的域完整性，还可以验证多列的域完整性。在单个列上可以有多个检查约束，如果插入或更新的数据违反了检查约束，数据库引擎将暂时停止 INSERT 和 UPDATE 操作。

检查约束由逻辑表达式构成，例如 S 表中"age"字段的值在 15 与 30 之间，逻辑表达式为 age>=15 and age<=30。

检查约束是基于列的，因此，即使表中某列的检查约束没有通过，也不会影响表中其他列的 INSERT 和 UPDATE 操作。检查约束可以在列级创建，也可以在表级创建。

实验 4.4 创建和管理检查约束。

① 在 CREATE TABLE 语句中创建检查约束。

检查约束可以在创建表的时候创建。下面是一个简单的 CREATE TABLE 脚本，包含了创建一个检查约束的代码：

```
USE JXGL
GO
CREATE TABLE S
  (
  sno char(9) NOT NULL PRIMARY KEY,
  sname char(8) NOT NULL CONSTRAINT S_sno UNIQUE,
  sex char(2),
  age smallint CHECK(age>=15 and age<=30),
  sdept varchar(50)
)
GO
```

这里的 CHECK 子句关联了 age 列，这是一个列级约束。对于创建的列级约束，只能在检查约束的逻辑表达式中使用列名，这里的检查约束列只允许 age 列的值大于等于 15 且小于等于 30。在创建表 S 时创建 CHECK 约束，约束名由系统自动生成，用户也可以在 CREATE TABLE 操作时同时命名检查约束，例如：

```
USE JXGL
GO
CREATE TABLE S
(
    sno char(9) NOT NULL PRIMARY KEY,
    sname char(8) NOT NULL CONSTRAINT S_sno UNIQUE,
    sex char(2),
```

```
    age smallint CONSTRAINT CK_s_age CHECK(age >= 15 and age <= 30),
    sdept varchar(50)
)
GO
```

其中,将检查约束命名为 CK_s_age。

在这个例子中,检查约束会验证 age 大于等于 15 且小于等于 30,不满足该条件的检查结果会返回 FALSE,直接拒绝 S 表中对行的 INSERT 或 UPDATE 请求,并会显示一条错误消息。

用户也可以将该约束作为表级检查约束:

```
USE JXGL
GO
CREATE TABLE S
    (
    sno char(9) NOT NULL PRIMARY KEY,
    sname char(8) NOT NULL CONSTRAINT S_sno UNIQUE,
    sex char(2),
    age smallint,
    sdept varchar(50),
    CHECK(age >= 15 and age <= 30)
)
GO
```

在这里创建了单个表级约束,检查 age 列,可以使用表中的任意列,因为这是一个表级检查,但要注意,此时 CHECK 子句将会使 SQL Server 生成一个检查约束名。

② 在现有表上创建检查约束。

有时,在设计和创建好数据表后,可能想要在表上放一个检查约束,此时可以使用 ALTER TABLE 语句来实现:

```
USE JXGL
GO
ALTER TABLE S
WITH NOCHECK ADD CONSTRAINT CK_s_dept
CHECK(sdept in( 'CS', 'MA', 'IS'))
GO
```

其中,参数 WITH NOCHECK 指定表中的数据是否用新添加的或重新启用的 FOREIGN KEY 或 CHECK 约束进行验证。如果没有指定,对于新约束为 WITH CHECK,对于重新启用的约束为 WITH NOCHECK。

在该例中创建的检查约束将会检查 S 表中 sdept 列的值为“CS”、“MA”或“IS”的所有记录,同时给这个检查约束取了一个名字“CK_s_dept”。

用户也可以在一个 ALTER TABLE 语句中给表同时添加多个检查约束:

```
USE JXGL
GO
ALTER TABLE S
WITH NOCHECK ADD CONSTRAINT CK_s_dept
```

数据库约束实验

```
CHECK(sdept in('CS','MA','IS')),
CONSTRAINT CK_age CHECK(age>=15 and age<=30)
GO
```

该例在一条 ADD CONSTRAINT 子句中为 sdept 和 age 列同时增加了检查约束。

③ 创建多列约束。

不用在每个列上都创建约束,可以在多个列上同时创建一个约束来检查这些列的值。例如,如果想创建单个约束来检查 age 和 sdept,可以使用以下代码:

```
USE JXGL
GO
ALTER TABLE S WITH NOCHECK
ADD CONSTRAINT CK_S_age_sdept
CHECK(sdept IN('CS','MA','IS') AND age>=15 AND age<=30)
GO
```

虽然这个约束和前面的两个约束完成的功能是一样的,但是这样定义有一个不好的后果,就是如果输入或修改列值违反约束,确定是 sdept 还是 age 列违反了约束是比较困难的。

另一方面,在使用一列来判断某个特定列的值是否有效时,可以使用多个条件语句来判断。例如,在输入"CS"时,需要 age 大于等于 15;而在输入"MA"时,需要 age 小于等于 30;在输入"IS"时,age 是不需要限制的。为了实现这个约束条件,可以使用下面的 ADD CONSTRAINT 子句:

```
USE JXGL
GO
ALTER TABLE S WITH NOCHECK
ADD CONSTRAINT CK_S_age_dept
CHECK((sdept='CS' AND sdept>=15)OR
(sdept='MA' AND sdept<=30) OR
(sdept='IS'))
GO
```

该约束将多列条件集中在一起,又用 OR 条件将它们进行分离,这样检查约束就可以验证每个不同的 sdept 的 age 值了。

④ 通过检查约束进行数据验证。

使用检查约束后,可以确保数据库只包括通过了检查的数据,即通过数据库引擎控制了数据的有效性。这样做之后,应用程序就不用再进行数据验证了,否则程序代码中需要处处穿插数据校验的脚本,通过这种方法使得数据验证工作更轻松、更快捷。

4. 外键(FOREIGN KEY)约束

外键是由一列或多列构成的,用来建立和强制两个表间的关联。这种关联是通过将一个表中的组成主键的列或组合列加入到另一个表中形成的,这个列或组合列就成了第二个表的外键。

FOREIGN KEY 约束允许空值,但在形成外键的列或组合列中出现空值时将跳过对 FOREIGN KEY 约束的验证。当向表中添加新数据行或修改已有的数据行时,在外键中定义的列或组合列必须在其他表的主键中存在或者为空,否则将会出错。

注意：FOREIGN KEY 约束可以对同一个数据库中的其他表上的列或组合列进行引用，也可以对自身表中的其他列或组合列进行引用（自引用表）。

尽管外键主要用来限制可以输入到外键表中的数据，但是还可以限制对主键表中数据的修改。

FOREIGN KEY 约束可以被用作索引，原因如下：

（1）对 FOREIGN KEY 约束的修改被在其他表中的 FOREIGN KEY 约束所检查。

（2）外键列或组合列也常被用于查询中，对于在具有 FOREIGN KEY 约束的表和其他有主键或唯一键的表进行查询时，可以在连接准则中使用外键列或组合列。索引允许 SQL Server 在外键中进行快速查找，但是对这样的索引的创建并不是必需的。

在创建或更改表时可通过定义 FOREIGN KEY 约束来创建外键。

实验 4.5　外键的定义和管理。

① 在定义数据表时定义外键。

```
USE JXGL
GO
CREATE TABLE SC
(sno char(9) NOT NULL,                      -- 学号字段,非空约束
cno char(4) NOT NULL,                       -- 课程编号字段,非空约束
GRADE REAL NULL,                            -- 成绩字段
PRIMARY KEY(sno,cno),                       -- 主键约束
FOREIGN KEY(sno) REFERENCES S(sno),         -- 外键约束
FOREIGN KEY(cno) REFERENCES C(cno)          -- 外键约束
)
GO
```

② 如果定义表 SC 时没有定义外键，可以增加表 SC 的外键约束 FK_s_sno，表 SC 中的 sno 受表 S 中的 SQL Server 主键——sno 的约束。

```
USE JXGL
GO
BEGIN TRANSACTION
ALTER TABLE SC ADD CONSTRAINT FK_s_sno
FOREIGN KEY(sno)
REFERENCES S(sno)
COMMIT TRANSACTION
GO
```

③ 当外键没有用时，可以删除它。例如删除 SC 表的外键 FK_s_sno：

```
USE JXGL
GO
BEGIN TRANSACTION
ALTER TABLE SC DROP CONSTRAINT FK_s_sno
COMMIT
GO
```

四、注意事项

（1）创建数据表的同时或创建数据表之后都可以创建约束。

（2）约束是表级的强制规定。

（3）表中定义约束可以删除有关联关系的数据。

五、思考题

（1）在数据库中，什么是数据完整性？

（2）在为包含数据的现有表创建某种约束时，需要注意什么问题？

（3）主键约束和唯一性约束的相同点与不同点有哪些？

六、练习题

1. 在数据库 EDUC 中，创建下列完整性约束。

（1）为数据库表 Course_info 创建 CHECK 约束：当插入或修改一个记录时，确保此记录的授课学时在 10～80 之间。

（2）为教师信息表 Teacher_info 创建 CHECK 约束：男教师的出生日期在 1960 年 1 月 1 日以后，女教师的出生日期在 1965 年 1 月 1 日以后。

（3）为教师上课信息表 TC_info 创建 CHECK 约束：学生成绩在 0～100 之间。

（4）为教师上课信息表 TC_info 创建外键约束："tcid"、"tno"、"classno"和"cno"。

2. 在数据库 TSGL 中，创建下列完整性约束。

（1）创建 CHECK 约束：readers 表的 ReaderType 在 0～9 之间。

（2）利用 SQL Server Management Studio 删除 readers 表的约束。

（3）创建主键约束：为 readers 表的字段 ReaderID 添加主键。

（4）创建多个字段的主键：为 borrowinfo 表的 ReaderID、BookID 字段定义主键。

3. 用实例验证习题 1、习题 2 中的完整性约束。

4. 修改习题 1、习题 2 中的完整性约束。

实验五　SELECT 数据查询

一、实验目的

要求学生熟练使用 T-SQL 语句进行数据查询,掌握 SELECT 语句的基本结构和多表连接查询、子查询、分组查询、查询结果的排序等操作。

二、实验内容

(1) 利用 SELECT 查询语句进行单表、多表查询设计。

(2) 利用 SELECT 语句进行子查询和外连接查询。

(3) 设计 ORDER BY 查询子句以及带有 GROUP BY 的查询子句。

三、实验指导

1. SELECT 基本语句格式

SELECT 查询的基本语句包含要返回的列、要选择的行、放置行的顺序和将信息分组的规范,其语句格式如下:

```
SELECT [ALL|DISTINCT][TOP n[PERCENT]]<目标列表达式>[, … n]
[INTO <新表名>]
FROM <表名>|<视图名>[, … n]
[WHERE <条件表达式>]
[GROUP BY <列名 1>[HAVING <条件表达式>]]
[ORDER BY <列名 2>[ASC|DESC]]
```

2. 简单查询实验

利用 T-SQL 语句在 JXGL 数据库中实现简单查询操作:

(1) 查询数学系(MA)学生的学号和姓名。

(2) 查询选修了课程的学生的学号。

(3) 查询选修了课程号为"C2"的学生的学号和成绩,并对查询结果按成绩降序排列,如果成绩相同则按学号升序排列。

(4) 查询选修了课程号为"C2"的成绩在 80～90 分之间的学生的学号和成绩,并将成绩乘以系数 0.8 输出。

(5) 查询数学系(MA)或计算机科学系(CS)中姓张的学生信息。

(6) 查询缺少了成绩的学生的学号和课程号。

3. 连接查询实验

利用 T-SQL 语句在 JXGL 数据库中实现下列连接查询操作:

(1) 查询每个学生的情况以及他(她)所选修的课程。

(2) 查询学生的学号、姓名、选修的课程名及成绩。

(3) 查询选修"离散数学"课程且成绩为 90 分以上的学生的学号、姓名及成绩。

(4) 查询每一门课的间接先修课(即先修课的先修课)。

4. 嵌套查询

利用 T-SQL 语句在 JXGL 数据库中实现下列嵌套查询操作:

(1) 查询选修了"离散数学"的学生的学号和姓名。

(2) 查询课程号为"C2"、成绩高于张林的学生的学号和成绩。

(3) 查询其他系中年龄小于计算机科学系(CS)中年龄最大者的学生。

(4) 查询其他系中比计算机科学系(CS)中学生年龄都小的学生。

(5) 查询和"王洪敏"的"数据库原理及应用"课程分数相同的学生的学号。

(6) 查询选修了"C2"课程的学生的姓名。

(7) 查询没有选修"C2"课程的学生的姓名。

5. 组合查询和统计查询

利用 T-SQL 语句在 JXGL 数据库中实现下列数据组合查询和统计查询操作:

(1) 查询选修了"计算机基础"课程的比此课程的平均成绩大的学生的学号和成绩。

(2) 查询选修了"计算机基础"课程的学生的平均成绩。

(3) 查询年龄大于女同学平均年龄的男同学的姓名和年龄。

(4) 列出各系学生的总人数,并按人数进行降序排列。

(5) 统计各系各门课程的平均成绩。

(6) 查询选修了"计算机基础"和"离散数学"的学生的学号和平均成绩。

四、注意事项

(1) 查询结果的几种处理方式。

(2) 内连接、左外部连接和右外部连接的含义及表达方法。

(3) 输入 SQL 语句时应注意语句中均使用西文操作符号。

(4) 相关子查询和不相关子查询的区别。

(5) 子句 HAVING(条件)必须和 GROUP BY(分组字段)子句配合使用。

五、思考题

(1) 在用 T-SQL 语句查询时,如何提高数据查询和连接速度?

(2) 对于常用的查询形式和查询结果,怎样处理比较好?

(3) 嵌套查询具有何种优势?

(4) 使用 GROUP BY(分组条件)子句后,语句中的统计函数的运行结果有什么不同?

六、练习题

1. 在学生管理数据库 EDUC 中,完成下列查询操作:

(1) 简单查询。

① 查询选修了课程的学生的学号。

② 查询选修了"C1"课程的学生的学号和成绩,并对查询结果按成绩降序排列,如果成绩相同则按学号升序排列。

③ 查询选修了课程"C1"且成绩在80～90之间的学生的学号和成绩,并将成绩乘以系数0.75输出。

④ 查询计算机科学系(CS)和数学系(MA)的姓张的教师信息。

⑤ 查询2013年8月15日上午8点在11♯1605教室上课的教师编号和班级号。

⑥ 查询所有男教授的信息。

(2) 连接查询操作。

① 查询在11♯1605教室上课的所有教师的姓名、所在院系名和班级名称。

② 查询"张明辉"同学的姓名、性别、籍贯、年龄、所在班级班长姓名、所在院系领导姓名。

③ 查询选修了"C1"课程且成绩在90分以上的学生的学号、姓名及成绩。

④ 查询"张靖海"老师的职称、年龄、所在院系名称、所担任的课程名称。

(3) 嵌套查询。

① 查询选修了"高等数学"的学生的学号和姓名。

② 查询选修了"张靖海"老师所任课程的所有学生的学号和姓名。

③ 查询2013年第2学期在11♯2108教室上课的全体教师的姓名及班级。

④ 查询2013级学生所有任课教师的编号、姓名、职称、家庭住址。

2. 在 TSGL 数据库中查询下列信息:

(1) 简单查询。

① 查询读者表的所有信息。

② 查阅编号为"2013060328"的读者的借阅信息。

③ 查询图书表中"清华大学出版社"出版的图书的书名和作者。

④ 查询书名中包含"程序设计"的图书信息。

⑤ 查询图书表中"清华大学出版社"出版的图书信息,查询结果按图书单价升序排列。

⑥ 查询成绩最高的前3名学生的学号、成绩。

⑦ 查询选修了"数据库原理及应用"课程的成绩最差的3名学生的学号和成绩。

(2) 组合和统计查询。

① 查询2004-1-1到2004-12-31之间各读者的借阅数量。

② 查询2004-1-1到2004-12-31之间作者为"梁晓峰"的图书的借阅情况。

③ 查询借阅图书数目超过3本的(包括3本)的学生的学号及图书数目。

(3) 嵌套查询。

① 查询定价大于所有图书平均定价的图书信息。

② 查询"高等教育出版社"出版的定价高于所有图书平均定价的图书的信息。

实验六　游 标 操 作

一、实验目的

使学生加深对游标概念的理解,掌握游标的定义、使用方法,以及使用游标查询、修改和删除数据的方法。

二、实验内容

(1) 利用游标逐行显示所查询的数据块的内容。
(2) 利用游标显示指定行的数据内容。
(3) 利用游标修改和删除指定的数据元组。

三、实验指导

1. 利用游标逐行显示数据

实验 6.1　在 JXGL 数据库的 S 表中定义一个包含 sno、sname、age、sex、sdept 的滚动游标,游标的名称为"cs_cursor",并将游标中的数据逐条显示出来。

① 在数据库引擎查询文档中输入以下语句:

```
USE JXGL
GO
DECLARE cs_cursor SCROLL CURSOR
FOR
SELECT sno,sname,age,sex,sdept
FROM S
FOR READ ONLY
OPEN cs_cursor
FETCH FROM cs_cursor
GO
```

单击"执行"按钮,可以显示 S 表的第一条记录。
② 读取游标中的第二行记录,需要在查询编辑器中输入以下语句:

```
FETCH FROM cs_cursor
```

③ 连续单击"执行"按钮,可以逐条显示记录。
④ 最后关闭游标、释放游标。在查询编辑器的输入窗口中输入以下语句:

```
CLOSE cs_cursor
```

```
DEALLOCATE cs_cursor
```

⑤ 单击工具栏中的"执行"按钮。

2. 利用游标显示指定行数据

实验 6.2 在 S 表中定义一个所在系为 CS,包含 sno、sname、sex、age、sdept 的游标,游标的名称为 cs_cursor,完成以下操作:

- 读取第一行数据;
- 读取最后一行数据;
- 读取当前行前面的一行数据;
- 读取从游标开始的第二行数据。

① 在查询编辑器的输入窗口中输入以下语句:

```
USE JXGL
GO
DECLARE cs_cursor SCROLL CURSOR
FOR
SELECT sno,sname,sex,age,sdept
FROM S
WHERE sdept = 'CS'
OPEN cs_cursor
FETCH FIRST FROM cs_cursor
GO
```

② 单击工具栏中的"执行"按钮。

③ 读取游标中的最后一行记录,在查询编辑器的输入窗口中输入以下语句:

```
FETCH LAST FROM cs_cursor
```

④ 单击工具栏中的"执行"按钮。

⑤ 读取游标中当前行前面的一行记录,在查询编辑器的输入窗口中输入以下语句:

```
FETCH PRIOR FROM cs_cursor
```

⑥ 单击工具栏中的"执行"按钮。

⑦ 读取从游标开始的第二行记录,在查询编辑器的输入窗口中输入以下语句:

```
FETCH ABSOLUTE 2 FROM cs_cursor
```

⑧ 单击工具栏中的"执行"按钮。

⑨ 最后关闭游标、释放游标。在查询编辑器的输入窗口中输入以下语句:

```
CLOSE cs_cursor
DEALLOCATE cs_cursor
```

⑩ 单击工具栏中的"执行"按钮。

3. 利用游标修改数据

实验 6.3 在 S 表中定义一个所在系部为 CS,包含 sno、sname、sex 的游标,游标的名称为 cs_cursor,并将游标中的绝对位置为 2 的学生的姓名改为"王南"、性别改为"女"。

① 在查询编辑器的输入窗口中输入以下语句:

```
USE JXGL
GO
DECLARE cs_cursor SCROLL CURSOR
FOR
SELECT sno, sname, sex
FROM S
WHERE sdept = 'CS'
FOR UPDATE OF sname, sex
OPEN cs_cursor
FETCH ABSOLUTE 2 FROM cs_cursor
UPDATE S
   SET sname = '王南', sex = '女'
WHERE CURRENT OF cs_cursor
FETCH ABSOLUTE 2 FROM cs_cursor
GO
```

② 单击工具栏中的"执行"按钮。

③ 最后关闭游标、释放游标。

4. 利用游标删除数据

实验 6.4　在 S 表中定义一个包含学号、姓名、性别的游标，游标的名称为 cs_cursor，并将游标中的绝对位置为 2 的学生数据删除。

① 在查询编辑器的输入窗口中输入以下语句：

```
USE JXGL
GO
DECLARE cs_cursor SCROLL CURSOR
FOR
SELECT sno, sname, sex
FROM S
OPEN cs_cursor
FETCH ABSOLUTE 2 FROM cs_cursor
DELETE FROM S WHERE CURRENT OF cs_cursor
GO
```

② 单击工具栏中的"执行"按钮。

③ 最后关闭游标、释放游标。

5. 利用游标遍历数据表

实验 6.5　在 S、SC 表中定义一个包含学号、姓名和成绩的游标，游标的名称为 cs_cursor，将游标遍历整个数据表（经常使用系统变量@@FETCH_STATUS 来控制 WHILE 循环中的游标活动）。

```
USE JXGL
GO
DECLARE cs_cursor SCROLL CURSOR
FOR
SELECT s.sno, sname, grade FROM S, SC WHERE S.sno = SC.sno
OPEN cs_cursor
DECLARE @no char(9)
```

```
DECLARE @name char(8)
DECLARE @grad int
FETCH NEXT FROM cs_cursor INTO @no,@name,@grad
WHILE @@FETCH_STATUS = 0
BEGIN
    PRINT @no + ' ' + @name + ' ' + str(@grad)
    FETCH NEXT FROM cs_cursor INTO @no,@name,@grad
END
CLOSE cs_cursor
DEALLOCATE cs_cursor
GO
```

其中,系统变量@@FETCH_STATUS 返回针对连接当前打开的任何游标发出的最后一条游标 FETCH 语句的状态,如表 1.6.1 所示。

表 1.6.1　系统变量@@FETCH_STATUS 的返回值

返 回 值	说 明
0	FETCH 语句成功
−1	FETCH 语句失败或行不在结果集中
−2	提取的行不存在

6. 利用游标备份数据库

实验 6.6　利用游标在串行状态下执行用户数据库文件备份。

```
USE master
GO
DECLARE @name VARCHAR(50)              -- 数据库名
DECLARE @path VARCHAR(256)             -- 文件备份路径
DECLARE @fileName VARCHAR(256)         -- 备份文件名
DECLARE @fileDate VARCHAR(20)          -- 用户数据文件
SET @path = 'D:\JXGL'
SELECT @fileDate = CONVERT(VARCHAR(20),GETDATE(),112)
DECLARE db_cursor CURSOR FOR
SELECT name
FROM master.dbo.sysdatabases
WHERE name NOT IN('master','model','msdb','tempdb')
OPEN db_cursor
FETCH NEXT FROM db_cursor INTO @name
WHILE @@FETCH_STATUS = 0
BEGIN
    SET @fileName = @path + @name + '_' + @fileDate + '.BAK'
    BACKUP DATABASE @name TO DISK = @fileName
    FETCH NEXT FROM db_cursor INTO @name
END
CLOSE db_cursor
DEALLOCATE db_cursor
GO
```

四、注意事项

(1) 在游标定义中,参数 scroll 说明可以用所有的方法来存取数据,允许删除和更新数据。

（2）使用游标不仅可以浏览查询结果，还可以用 UPDATE 语句修改游标对应的当前行数据或用 DELETE 语句删除对应的当前行。

（3）prior、first、last、absolute n、relative n 选项只有在定义游标并使用了 scroll 选项后才可以使用。其中，n 是正数时，返回结果集的第 n 行；若 n 是负数，则返回结果集的倒数第 n 行。

（4）如果可以不用游标，尽量不要使用游标；用完游标之后一定要关闭和释放游标；尽量不要在大量数据上定义游标；尽量不要使用游标更新数据。

五、思考题

（1）为什么在数据处理中引入游标？

（2）如何提取出游标中的数据？用何语句？

六、练习题

1. 在学生管理数据库 EDUC 中定义游标进行相关操作。

2. 在图书管理数据库 TSGL 中定义游标进行相关操作。

实验七　存储过程的创建与应用

一、实验目的

使学生理解存储过程的概念,掌握存储过程的创建和执行,并掌握存储过程的查看、修改和删除。

二、实验内容

(1) 创建存储过程。
(2) 修改存储过程。
(3) 调用存储过程。
(4) 删除存储过程。

三、实验指导

1. 存储过程的创建

存储过程是一系列编辑好的、能实现特定数据操作功能的 SQL 代码集,它与特定的数据库相关联,存储在 SQL Server 服务器上。用户可以像使用自定义函数一样重复调用这些存储过程,实现它所定义的操作。

(1) 存储过程的类型。存储过程分为 3 类,即系统存储过程、用户自定义存储过程和扩展存储过程。

① 系统存储过程主要存储在 master 数据库中,并以 sp_ 为前缀。

② 用户自定义存储过程是由用户创建并能完成某一特定功能(如查询用户所需数据信息)的存储过程,是封装了可重用代码的 SQL 语句模块。

③ 扩展存储过程允许用户使用高级编程语言(例如 C 语言)创建应用程序的外部例程,从而使 SQL Server 的实例可以动态地加载和运行 DLL。

(2) 利用 SQL Server Management Studio 模板创建存储过程。

具体步骤如下:

① 打开 SQL Server Management Studio 窗口,连接到学生选课数据库。

② 依次展开"服务器"→"数据库"→JXGL→"可编程性"结点。

③ 在列表中右击"存储过程"结点出现快捷菜单,选择"新建存储过程"命令,然后出现如图 1.7.1 所示的 CREATE PROCEDURE 语句的模板,用户可以修改要创建的存储过程的名称,然后加入存储过程所包含的 T-SQL 语句。

④ 修改完后,单击"执行"按钮即可创建一个存储过程。

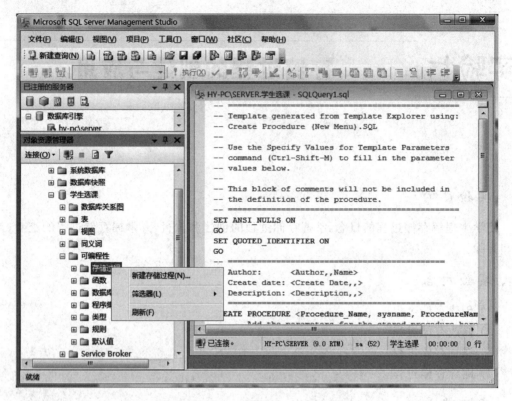

图 1.7.1　创建存储过程界面

（3）利用 T-SQL 创建存储过程。

一般来说，创建一个存储过程应按照以下步骤进行：

① 在查询编辑器窗口中输入 T-SQL 语句。

② 测试 T-SQL 语句是否正确，并能实现功能要求。

③ 若得到的结果数据符合预期要求，则按照存储过程的语法创建该存储过程。

④ 执行该存储过程，验证其正确性。

使用 T-SQL 语句创建存储过程的语法格式如下：

```
CREATE PROCEDURE procedure_name [;number]
  [@parameter data_type [ = default], … n]
AS sql_statement
```

- procedure、name：给出存储过程名。
- number：为可选的整数，对同名的存储过程指定一个序号。
- @parameter：为存储过程的形参，@符号作为第一个字符来指定参数名。
- data_type：指出参数的数据类型。
- ＝default：给出参数的默认值。
- sql_statement：存储过程所要执行的 SQL 语句，可以是一组 SQL 语句，可以包含流程控制语句等。

下面实验都是在数据库 JXGL 中，其表有 S、C、SC，表结构如前面所示，通过 T-SQL 语句创建一个存储过程。

实验 7.1 创建名为 s_grade 的存储过程,要求查询 JXGL 数据库中每个学生各门功课的成绩,其中包括每个学生的 sno、sname、cname、grade。

在查询编辑器窗口中输入创建该存储过程的语句:

```
USE JXGL
GO
CREATE PROCEDURE s_grade
AS
SELECT S. sno, sname, cname, grade
FROM S JOIN SC ON S. sno = SC. sno JOIN C ON SC. cno = C. cno
GO
```

如果调用存储过程 s_grade,需要在查询编辑器窗口中输入调用该存储过程的语句:

```
USE JXGL
GO
EXEC s_grade
GO
```

实验 7.2 创建名为 proc_exp 的存储过程,要求输入某学生的姓名,能够从 SC 表中查询到该学生的平均成绩。

在查询编辑器窗口中输入创建该存储过程的语句:

```
USE JXGL
GO
CREATE PROCEDURE proc_exp @s_name char(20)
AS
SELECT avg(grade) AS '平均成绩'
FROM S JOIN SC ON S. sno = SC. sno and sname = @s_name
GO
```

调用存储过程 proc_exp,求"姜芸"同学的平均成绩。在查询编辑器窗口中输入调用该存储过程的语句:

```
USE JXGL
GO
EXEC proc_exp '姜芸'
GO
```

实验 7.3 创建名为 s_info 的存储过程,要求输入某学生的姓名,能够输出该学生所学课程门数以及他的平均成绩。

在查询编辑器窗口中输入创建该存储过程的语句:

```
USE JXGL
GO
CREATE PROCEDURE s_info @s_name char(8)
AS
DECLARE @s_count int
DECLARE @s_avg real
```

```
SELECT @s_count = COUNT(cno),@s_avg = AVG(grade)
FROM S JOIN SC ON S.SNO = SC.SNO AND SNAME = @S_NAME
PRINT @s_name + '同学共选修了' + str(@s_count) + '门课程.平均成绩为: ' + str(@s_avg)
GO
```

调用存储过程 s_info,求"吴玉江"同学选修的课程门数与平均成绩。在查询编辑器窗口中输入调用该存储过程的语句:

```
USE JXGL
GO
EXEC s_info '吴玉江'
GO
```

实验 7.4 查看数据表的索引信息。

在查询编辑器窗口中输入创建该存储过程的语句:

```
USE JXGL
GO
CREATE PROC table_info @table varchar(30)
AS
SELECT TABLE_NAME = sysobjects.name,
INDEX_NAME = sysindexes.name, INDEX_ID = indid
FROM sysindexes INNER JOIN sysobjects ON sysobjects.id = sysindexes.id
WHERE sysobjects.name = @table
GO
```

调用存储过程 table_info,求 S 表的索引信息。在查询编辑器窗口中输入调用该存储过程的语句:

```
USE JXGL
GO
EXEC table_info 'S'
GO
```

2. 存储过程的修改

实验 7.5 修改存储过程 proc_exp,要求输入学生学号,能够根据该学生所选课程的平均成绩显示提示信息。即如果平均成绩在 60 分以上,显示"此学生综合成绩合格,成绩为××分",否则显示"此学生综合成绩不合格,成绩为××分"。

在查询编辑器窗口中输入语句:

```
USE JXGL
GO
ALTER PROCEDURE proc_exp @s_name CHAR(20)
AS
DECLARE @savg int
SELECT @savg = AVG(grade)
FROM S JOIN SC ON S.sno = SC.sno AND S.sname = @s_name
IF @savg > 60
    PRINT '此学生综合成绩合格,成绩为' + CONVERT(char(2),@savg) + '分'
ELSE
    PRINT '此学生综合成绩不合格,成绩为' + CONVERT(char(2),@savg) + '分'
```

```
GO
```

调用存储过程 proc_exep,求学生"吴玉江"的信息。在查询编辑器窗口中输入调用该存储过程的语句:

```
USE JXGL
GO
EXEC proc_exp '吴玉江'
GO
```

3. 存储过程的调用

存储过程的调用语句如下:

```
EXEC procedure_name <参数>
```

实验 7.6 创建一个存储过程,然后再调用它。

① 创建名为 proc_add 的存储过程,要求向 SC 表中添加学生成绩记录。在查询编辑器窗口中输入创建该存储过程的语句:

```
USE JXGL
GO
CREATE PROCEDURE proc_add(@ssno char(20),@ccno char(4),@score int)
AS
INSERT INTO SC
VALUES(@ssno,@ccno,@score)
GO
```

调用存储过程 proc_add,向 SC 表中添加学生成绩记录。在查询编辑器窗口中输入如下语句:

```
USE JXGL
GO
EXEC proc_add 'S13', 'C1',84
EXEC proc_add 'S13', 'C2',78
GO
```

② 调用存储过程 proc_exp,查询"李小刚"同学的成绩信息,即显示"李小刚"同学的综合成绩是否合格。在查询编辑器窗口中输入如下语句:

```
USE JXGL
GO
EXEC proc_exp '李小刚'
GO
```

4. 存储过程的删除

存储过程的删除语句如下:

```
DROP PROCEDURE procedure_name
```

实验 7.7 删除存储过程 proc_exp 和 proc_add。
在查询编辑器窗口中输入如下语句:

```
USE JXGL
GO
DROP PROCEDURE proc_exp
DROP PROCEDURE proc_add
GO
```

四、注意事项

(1) 存储过程存储在 SQL Server 2008 服务器上,是一种有效的封装重复性的方法,它还支持用户变量、条件执行和其他强大的编辑功能。

(2) 存储过程在经过第一次调用以后驻留在内存中,不必再经过编译和优化,所以执行速度很快。

(3) 如果执行的存储过程将调用另一个存储过程,则被调用的存储过程可以访问由第一个存储过程创建的所有对象,包括临时表。

五、思考题

(1) 存储过程主要有哪些优点?

(2) 存储过程的创建有哪两种方法? 比较它们的优、缺点。

六、练习题

1. 在数据库 EDUC 中,创建下列存储过程:

(1) 创建一个向学生信息表 Student_info 插入数据的存储过程,该过程需要 10 个参数,分别传递 sno、sname、sex、s_native、birthday、dno、classno、entime、home、tel。

(2) 创建一个向课程信息表 Course_info 插入数据的存储过程,该过程需要 6 个参数,分别传递 cno、cname、experiment、lecture、semester、credit。

(3) 创建一个向学生成绩信息表 SC_info 插入数据的存储过程,该过程需要 3 个参数,分别传递 sno、tcid、score。

2. 在数据库 TSGL 中,创建下列存储过程:

(1) 创建一个存储过程,参数为读者编号,用于查询某读者的借阅图书情况,包括读者编号、读者姓名、图书编号、图书名称、借阅日期及归还日期。

(2) 创建一个存储过程,用于统计某时间段内所有读者的编号、姓名,以及借阅图书编号和图书名称。

3. 调用习题 1、习题 2 中的存储过程。

4. 修改习题 1、习题 2 中的存储过程。

实验八 使用触发器实现数据完整性

一、实验目的

使学生理解用触发器实现数据完整性的重要性,掌握用触发器实现数据完整性的方法,掌握用触发器实现参照完整性的方法,并理解触发器与约束的不同。

二、实验内容

(1) 为表建立触发器,实现域完整性,并激活触发器进行验证。

(2) 为表建立级联更新的触发器,实现参照完整性,并激活触发器进行验证。

(3) 比较约束与触发器的执行顺序。

三、实验指导

实验 8.1 创建 JXGL 数据库的表 S 的 INSERT 触发器 tri_INSERT_S,插入年龄在15～30 之间的记录。

① 打开 SQL Server Management Studio 窗口。

② 单击"标准"工具栏上的"新建查询"按钮,打开"查询编辑器"窗口。

③ 在窗口中直接输入以下 CREATE TRIGGER 语句,创建一个 INSERT 触发器。

```
USE JXGL
GO
CREATE TRIGGER tri_INSERT_S ON S
FOR INSERT
AS
DECLARE @S_age tinyint
SELECT @S_age = S.age
FROM S
IF @S_age NOT BETWEEN 15 AND 30
    ROLLBACK TRANSACTION
GO
```

④ 为 JXGL 数据库的表 S 创建 INSERT 触发器后,当插入的新行中的年龄值不在15～30时,会激活该触发器,撤销该插入操作。

⑤ 单击"SQL 编辑器"工具栏上的"分析"按钮,检查输入的 T-SQL 语句是否有语法错误。如果有语法错误,则进行修改,直到没有语法错误为止。

⑥ 确保无语法错误后,单击"SQL 编辑器"工具栏上的"执行"按钮,完成触发器的创建。

⑦ 在表中分别插入两行记录以激活该触发器,第一行年龄的值在 15～30 以内,第二行年龄的值在 15～30 以外。

```
USE JXGL
GO
INSERT INTO S
VALUES( 'S15', '王晓杰', 'F', 21, 'MA')
INSERT INTO S
VALUES( 'S16', '邵庆国', 'M', 13, 'IS')
GO
```

当插入第一行时,系统成功地接受了数据,无信息返回。但在插入第二行时,系统撤销了该插入操作,拒绝接受非法数据,从而保证了域完整性。

实验 8.2 创建 JXGL 数据库的表 S 的 DELETE 触发器 tgr_s_delete,当删除 S 表中的记录时触发该触发器。

```
USE JXGL
GO
-- DELETE 删除类型触发器
CREATE TRIGGER tgr_s_delete
ON S
    FOR DELETE    -- 删除触发
    AS
    PRINT '备份数据中……'
    IF (object_id( 'S_Backup', 'U') is not null)
        -- 存在 S_Backup,直接插入数据
      INSERT INTO S_Backup SELECT sno, sname from deleted
    ELSE
        -- 不存在 S_Backup,创建后再插入
    SELECT * INTO S_Backup FROM deleted
        PRINT '备份数据成功!'
GO
```

说明:object_id()函数用于根据对象名称返回该对象的 id。

DELETE 触发器会在删除数据的时候,将刚才删除的数据保存在 deleted 表中。

下面删除表 S 中的记录:

```
USE JXGL
GO
DELETE S WHERE sno = 'S14'
-- 查询数据
SELECT * FROM S
SELECT * FROM S_Backup
GO
```

对于在 sys.objects 目录视图中找不到的对象,可以通过查询适当的目录视图来获取该对象的标识号。

① 返回 DDL 触发器的对象标识号。

```
SELECT OBJECT_ID
```

```
FROM sys.triggers
WHERE name = 'DatabaseTriggerLog'
```

② 返回 AdventureWorks2008 数据库中的 Production.WorkOrder 表的对象 ID。

```
USE master
GO
SELECT OBJECT_ID('AdventureWorks2008.Production.WorkOrder')
AS 'Object ID';
GO
```

③ 通过验证表是否具有对象 ID 来检查指定表的存在性。如果该表存在,将其删除;如果该表不存在,则不执行 DROP TABLE 语句。

```
USE master
GO
IF OBJECT_ID ('dbo.AWBuildVersion','U') IS NOT NULL
DROP TABLE dbo.AWBuildVersion
GO
```

④ 使用 sys.dm_db_index_operational_stats()函数返回 AdventureWorks2008 数据库中的 Person.Address 表的所有索引和分区信息。

使用 T-SQL 函数 DB_ID()和 OBJECT_ID()返回参数值,可以确保返回有效的 ID。如果找不到数据库或对象的名称,例如相应名称不存在或拼写不正确,则两个函数都会返回 NULL。sys.dm_db_index_operational_stats()函数将 NULL 解释为指定所有数据库或所有对象的通配符值。

```
USE master
GO
DECLARE @db_id int
DECLARE @object_id int
SET @db_id = DB_ID('AdventureWorks2008')
SET @object_id = OBJECT_ID('AdventureWorks2008.Person.Address')
IF @db_id IS NULL
PRINT N'Invalid database'
ELSE IF @object_id IS NULL
        PRINT N'Invalid object'
    ELSE
        SELECT * FROM sys.dm_db_index_operational_stats(@db_id, @object_id,NULL,NULL)
GO
```

实验 8.3 在数据库 JXGL 中有 3 个表,即 S、SC 和 C,其中,表 SC 的字段 sno 作为外键与表 S 连接。如果要删除表 S 中的记录,需要创建触发器,先删除 SC 中与要删除记录级联的所有记录,再删除表 S 中的记录。

```
USE JXGL
GO
CREATE TRIGGER delete_sc_s ON S
INSTEAD OF DELETE
AS
```

使用触发器实现数据完整性

```
DECLARE @s_no char(9)
SELECT @s_no = sno FROM deleted
DELETE FROM SC
WHERE sno = @s_no
DELETE FROM S
WHERE sno = @s_no
GO
```

执行下述语句时,需要启用触发器 delete_sc_s 同时删除表 S 和 SC 中级联的记录。

```
USE JXGL
GO
DELETE S WHERE SNO = 'S13'
GO
```

实验 8.4　为学生表 S 创建一个 UPDATE 触发器,当更新了某同学的姓名时,就激活该触发器,并使用 PRINT 语句返回一个提示信息。

```
USE JXGL
GO
CREATE TRIGGER tgr_s_update
ON S
FOR UPDATE
AS
DECLARE @oldName char(8),@newName char(8)
-- 更新前的数据
SELECT @oldName = sname FROM deleted
IF (exists (SELECT * FROM S WHERE sname LIKE '%'+ (@oldName + '%'))
   BEGIN
      -- 更新后的数据
      SELECT @newName = sname FROM inserted
      UPDATE S SET sname = replace(sname, @oldName, @newName) WHERE sname LIKE '%'+ @
oldName + '%'
      PRINT '级联修改数据成功!'
   END
ELSE
      PRINT '无须修改 S 表!'
GO
```

先查询学生表 S 的信息,再修改学生姓名。

```
USE JXGL
GO
SELECT * FROM S ORDER BY sno
SELECT * FROM S
UPDATE S SET sname = '王楠' WHERE sname = '王南'
GO
```

UPDATE 触发器会在更新数据后,将更新前的数据保存在 deleted 表中,将更新后的数据保存在 inserted 表中。

实验 8.5　触发器中的其他操作。

① 触发器中常用消息函数 raiserror()的应用。

```
USE JXGL
GO
CREATE TRIGGER tgr_message
ON S
AFTER INSERT,UPDATE
AS raiserror('tgr_message 触发器被触发',16,10)
GO
```

验证消息函数的提示消息：

```
USE JXGL
GO
UPDATE S SET sex = 18 WHERE sname = '张晓梅'
SELECT * FROM S ORDER BY sno
```

② 禁用、启用触发器。

禁用触发器：

```
DISABLE TRIGGER tgr_message ON S
```

启用触发器：

```
ENABLE TRIGGER tgr_message ON S
```

③ 查询创建的触发器的信息。

查询已存在的触发器：

```
SELECT * FROM sys.triggers
SELECT * FROM sys.objects WHERE type = 'TR'
```

④ 查看触发器的触发事件。

```
USE JXGL
GO
SELECT te.*
FROM sys.trigger_events te JOIN sys.triggers t
ON t.object_id = te.object_id
WHERE t.parent_class = 0 AND t.name = 'tgr_valid_data'
GO
```

⑤ 查看创建触发器信息语句。

```
USE JXGL
GO
EXEC sp_helptext 'delete_s'
GO
```

四、注意事项

（1）触发器（trigger）是一个特殊的存储过程，它的执行不是由程序调用，也不是手工启动，而是由事件来触发。

（2）当对一个表进行操作（INSERT、DELETE、UPDATE）时就会激活触发器的执行。触发器经常用于加强数据的完整性约束和业务规则等。

（3）触发器可以从 DBA_TRIGGERS、USER_TRIGGERS 数据字典中查到。

五、思考题

（1）触发器主要有哪些优点？

（2）触发器可通过数据库中的相关表实现级联更改，那么，如何通过级联引用完整性约束有效地执行这些更改？

六、练习题

1. 在数据库 EDUC 中，创建下列触发器：

（1）为数据库表 SC_info 创建一个触发器，当插入或修改一个记录时，确保此记录的成绩在 0～100 分之间。

（2）为教师信息表 Teacher_info 创建一个触发器，确保男职工年龄不超过 60 岁，女职工职称是"教授"的年龄不超过 60 岁，其他女职工的年龄不超过 55 岁。

（3）对学生信息表 Student_info、成绩信息表 SC_info 和课程信息表 Course_info 创建参照完整性，级联删除和级联修改触发器。

2. 在数据库 TSGL 中，创建下列触发器：

（1）创建一个触发器，实现当向 borrowinf 表中插入一条记录（即当读者借阅一本图书）时，readers 表中对应该读者的 BorrowedQuantity 字段自动加 1，当删除 borrowinf 表中的一条记录（即当读者归还一本图书）时，readers 表中对应该读者的 BorrowedQuantity 字段自动减 1。

（2）利用 SQL Server Management Studio 在 borrowinf 表中插入一个罚款字段 fine（float 类型），并创建一个触发器，实现在某读者归还图书时，若归还日期超过 3 个月，每超过一天罚款 0.5 元，并将罚款数据自动写入 fine 字段中。

（3）创建一个触发器，实现当读者借阅图书时，如果已借阅数量超过 readtype 表规定的限借数量，则禁止借阅。

3. 执行对数据表操作的语句，触发习题 1 和习题 2 中定义的触发器。

4. 修改习题 1、习题 2 中的触发器。

实验九 视图和索引及数据库关系图

一、实验目的

使学生掌握 SQL Server 中视图的创建、查看、修改和删除方法，掌握索引的创建和删除方法以及数据库关系图的实现方法，加深对视图和 SQL Server 数据库关系图作用的理解。

二、实验内容

(1) 创建、查看、修改和删除视图。

(2) 创建、删除索引文件。

(3) 创建数据库关系图。

三、实验指导

本部分利用数据库 JXGL 的表 S、SC、C 中的数据进行实验。

1. 视图操作

(1) 创建视图。

实验 9.1　使用 SQL Server Management Studio 直接创建视图。

步骤如下：

① 单击数据库前面的"＋"号，然后单击 JXGL 数据库前面的"＋"号，选择"视图"并右击，在弹出的快捷菜单中选择"新建视图"命令，弹出"添加表"对话框，如图 1.9.1 所示。

图 1.9.1 "添加表"对话框

② 在"添加表"对话框中添加视图数据来源的表,这里添加 3 张表,分别是 S、C 和 SC 表。添加表后,单击"添加表"对话框中的"关闭"按钮,会出现创建视图界面,如图 1.9.2 所示。

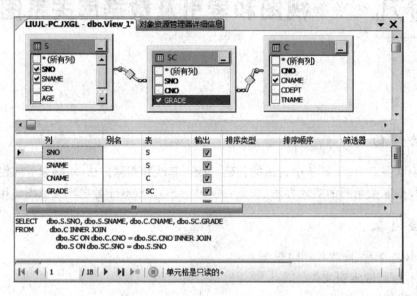

图 1.9.2　添加字段前

③ 如果要在视图中显示某张表的某个字段,只需选中其字段前的复选框即可,此时在中间列中会显示出该字段,在代码区中会显示其具体的实现代码。

④ 如果要查看视图,单击"常用"工具栏中的"执行"按钮,就可以看到视图的数据显示。例如,由字段 sno、sname、cname、grade 生成的视图效果如图 1.9.3 所示。

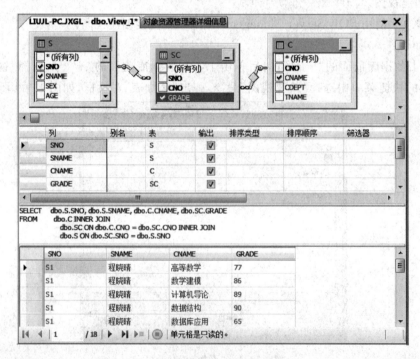

图 1.9.3　生成的视图效果

⑤ 在创建视图时还可以为字段添加列名、进行排序、添加多个筛选条件。

⑥ 单击"常用"工具栏中的"保存"按钮,会弹出保存视图的提示对话框,输入视图名称即可,如本例中为 view_s_grade。

实验 9.2 使用 T-SQL 语句创建和查看视图。

语法格式如下:

```
CREATE VIEW view_name AS select_statement
```

在数据库 JXGL 中 3 个表的基础上建立一个视图,取名为 view_s_grade。在数据库引擎查询文档中输入如下代码:

```
USE JXGL
GO
CREATE VIEW view_s_grade
AS SELECT S.sno,sname,cname,grade
FROM S,SC,C
WHERE S.sno = SC.sno AND SC.cno = C.cno
GO
```

(2) 修改视图。

视图在创建好后,就可以利用它查询信息了。如果用户发现视图的结构不能很好地满足要求,还可以对它进行修改。

实验 9.3 使用 SQL Server Management Studio 窗口直接修改视图。

步骤如下:

① 在 SQL Server Management Studio 窗口中依次选择服务器、数据库,并使数据库展开,然后单击"视图"前面的"＋"号,显示已存在的视图。

② 右击要修改结构的视图,在弹出的快捷菜单中选择"修改"命令,就可以进行修改了。

使用 T-SQL 语句修改视图的语法格式如下:

```
ALTER VIEW view_name AS select_statement
```

例如,修改视图 view_s_grade,使之只显示成绩大于 80 的记录:

```
USE JXGL
GO
ALTER VIEW view_s_grade
AS SELECT S.sno,sname,cname,grade
FROM S,SC,C
WHERE S.sno = SC.sno AND SC.cno = C.cno AND grade > 80
GO
```

(3) 删除视图。

实验 9.4 使用 SQL Server Management Studio 窗口直接删除视图。

步骤如下:

① 在 SQL Server Management Studio 窗口中依次选择服务器、数据库,并使数据库展开,然后单击"视图"前面的"＋"号,显示已存在的视图。

② 右击要删除的视图,在弹出的快捷菜单中选择"删除"命令,就可以直接删除指定的

视图和索引及数据库关系图

视图。

使用 T-SQL 语句删除视图的语法格式如下：

```
USE JXGL
GO
DROP VIEW view_s_grade
GO
```

2. 索引文件的创建与删除

索引是一个单独的、物理的数据库结构，是为了加速对表中数据行的查询而创建的一种分散的存储结构。

（1）创建索引文件。

实验 9.5 使用 SQL Server Management Studio 窗口直接创建索引文件。

步骤如下：

① 单击数据库前面的"＋"号，然后单击 JXGL 数据库前面的"＋"号，再单击表前面的"＋"号，显示已存在的表。

② 选定要添加索引的表，如数据表 S，然后右击，在弹出的快捷菜单中选择"设计"命令。

③ 任选一个字段，如 sname，然后右击，在弹出的快捷菜单中选择"索引/键"命令，弹出"索引/键"对话框，如图 1.9.4 所示。

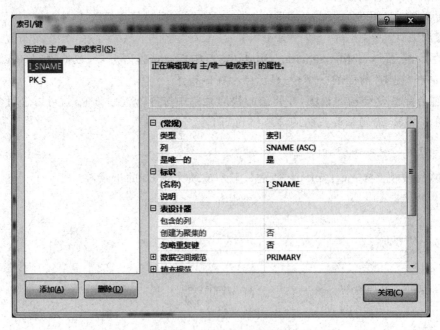

图 1.9.4 "索引/键"对话框

④ 在该对话框中单击"添加"按钮，增加一个索引，然后设置索引对应的字段及其属性。

⑤ 假设给 sname 字段添加一个普通索引，单击"添加"按钮后，设置类型为"索引"，然后单击列后面的 ... 按钮，弹出"索引列"对话框。

⑥ 设定好后,单击"确定"按钮,返回到"索引/键"对话框。用户还可以设置索引的标识,本例设置为"I_sname",如图1.9.5所示。

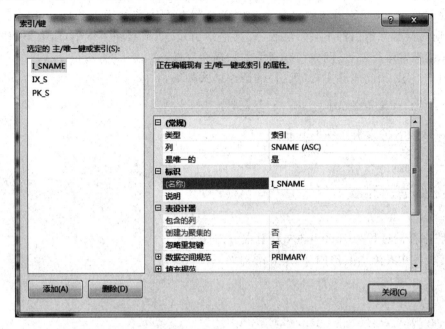

图 1.9.5 "索引/键"对话框

使用 T-SQL 语句创建索引文件的语法格式如下:

```
CREATE [unique][clustered][nonclustered]INDEX index_name
ON [table view](column[ASC|DESC], … n)
```

• 创建索引文件 IX_sdept,关键字段为 sdept,升序。
在数据库引擎查询文档中输入以下代码:

```
USE JXGL
GO
CREATE INDEX IX_sdept ON S(sdept)
GO
```

• 在 S 表中以字段 age 创建索引文件 IX_age,降序。代码如下:

```
USE JXGL
GO
CREATE INDEX IX_age ON S(age desc)
GO
```

(2) 删除索引文件。

实验 9.6 使用 SQL Server Management Studio 直接删除索引文件。

步骤如下:

① 单击数据库前面的"+"号,然后单击 JXGL 数据库前面的"+"号,再单击表前面的"+"号,显示已存在的表。

② 选定要删除索引文件所在的表,依次展开该表,然后单击"索引"前面"+"号,选择要

视图和索引及数据库关系图

删除的索引文件。

③ 右击弹出快捷菜单,选择"删除"命令。

使用 DROP INDEX 语句删除索引。由于索引在逻辑和物理上独立于相关表中的数据,在任何时候删除索引都不会影响表(或其他索引)。如果删除了索引,所有 SQL 程序和应用会继续正常运行,但访问先前有索引的数据会变慢。

使用 T-SQL 语句删除主键(索引)的语法格式如下:

```
DROP INDEX table_name.index_name
```

• 删除表 S 的索引文件 I_sname。

```
USE JXGL
GO
DROP INDEX S.I_sname
GO
```

• 使用存储过程 sp_helpindex 查看索引文件。

查询表 S 中各索引文件的 T-SQL 语句如下:

```
USE JXGL
GO
EXEC sp_helpindex S
GO
```

执行后,会出现 S 表的所有索引,如图 1.9.6 所示。

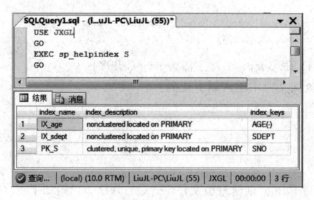

图 1.9.6　查看 S 表的所有索引

3. 创建数据库关系图

如果数据库中的表没有设置主键,那么,用户可以在关系图中先设置主键,然后再建立实体关系。数据库关系图是数据库架构的图形描述。

实验 9.7　数据库 JXGL 的关系图管理。

(1)创建数据库关系图。

① 打开 SQL Server Management Studio 窗口,选择登录服务器类型为"数据库引擎",并建立连接。

② 连接服务器后,依次展开"数据库"→JXGL 结点,然后右击"数据库关系图",在弹出的快捷菜单中选择"新建数据库关系图"命令。

说明：选择"新建数据库关系图"命令后，如果出现错误"此数据库没有有效所有者，因此无法安装数据库关系图支持对象……"，那么，可以在关闭该提示框后，右击数据库名，选择"属性"命令，然后在"数据库属性"窗口的"选项"页面中设置该数据库的"兼容级别"模式为 SQL Server 2008(100)。接着单击"确定"按钮，新建数据库关系图即可。

　　③ 在弹出的"添加表"对话框中选择所有表，单击"添加"按钮。

　　④ 如果数据库的表中都设有主键，那么，系统会自动建立表与表之间的关系，如图 1.9.7 所示。

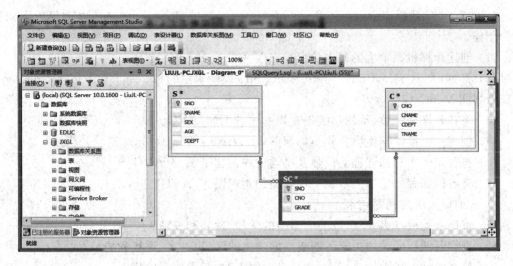

图 1.9.7　表之间的连接关系

　　⑤ 关系建立后，单击工具栏上的"保存"按钮，在弹出的"选择名称"对话框中输入创建的数据库关系图的名称，单击"确定"按钮。

　　(2) 删除数据库关系图。

　　当不再需要某个数据库关系图时，可以将其删除，操作步骤如下：

　　① 在对象资源管理器中展开"数据库关系图"文件夹。

　　② 右击要删除的数据库关系图。

　　③ 从快捷菜单中选择"删除"命令。

　　注意：在删除数据库关系图时，不会删除关系图中的表。

　　(3) 查看数据库关系图的属性。

　　用户可以在"属性"窗口中显示数据库关系图的属性，操作步骤如下：

　　① 打开数据库关系图设计器。

　　② 在"视图"菜单中选择"属性窗口"命令。

　　③ 此时，该关系图的属性随即显示在"属性"窗口中，进行查看即可。

四、注意事项

　　(1) 参照表和被参照表之间的关系，主键和外键之间的关系。

　　(2) 视图中字段名的重命名问题。

视图和索引及数据库关系图

五、思考题

（1）为什么要建立视图？视图和基本表有什么不同？

（2）视图和图表有什么不同？

（3）怎样在数据库关系图中删除数据表之间的关系？

六、练习题

1. 在 EDUC 数据库中，以 Student_info、Course_info 和 SC_info 表为基础完成下列视图的创建。

（1）创建计算机系学生的基本情况视图 V_Computer。

（2）将 Student_info、Course_info 和 SC_info 表中学生的 sno、sname、tcid、cname、score 创建为视图 V_SC_G。

（3）将各系学生人数、平均年龄创建视图 V_NUM_AVG。

（4）创建一个反映学生出生年份的视图 V_YEAR。

（5）将各位学生选修课程的门数及平均成绩创建视图 V_AVG_S_G。

（6）将各门课程的选修人数及平均成绩创建视图 V_AVG_C_G。

2. 查询以上所建视图结果。

（1）查询平均成绩为 90 分以上的学生的学号、姓名和成绩。

（2）查询各课程成绩均大于平均成绩的学生的学号、姓名、课程和成绩。

（3）按系统计各系平均成绩在 80 分以上的人数，结果按降序排列。

3. 基于 EDUC 数据库完成下面的实验：

（1）对教师信息表 Teacher_info 中的教师号 tno 创建聚簇索引，并按降序排列。

（2）对学生成绩信息表 SC_info 先按上课编号 tcid 升序排列，再按学生成绩 score 降序排列。

（3）对课程信息表 Course_info 中的课程编号创建唯一索引，并按升序排列。

4. 在数据库 TSGL 中，创建下列视图：

（1）创建视图 Read_Borrow_Book，字段为 ReaderID、readers. Name、BorrowerDate、BookID、books. Name，条件是 BorrowedQuantity＞3。

（2）利用 books 表创建字段为 BookID、Name、Author、Publisher、PublishedDate 的视图，条件为出版社为"清华大学出版社"，并且 Price＞30。

（3）创建视图 borrow_inf，字段为 ReaderID、Name、RederType、BorrowedDate，条件为 ReturnDate 为空。

5. 在数据库 TSGL 中创建相应的索引。

实验十　SQL Server 事务管理

一、实验目的

使学生加深对数据库并发控制、封锁机制和事务概念的理解,掌握事务的定义、使用方法及使用事务进行数据库并发操作的方法。

二、实验内容

(1) 掌握定义事务的方法。

(2) 掌握事务的提交方法。

(3) 利用事务处理并发操作。

三、实验指导

1. 事务的定义和操作

事务一般可分为两类,即系统事务和用户定义的事务。系统事务又称为隐式事务,指某些特定的 SQL 语句由系统单独作为一个事务处理,其主要包括以下语句:

- 所有的 CREATE 语句。
- 所有的 DROP 语句。
- INSERT、UPDATE、DELETE 语句。

例如,执行以下创建表语句:

```
CREATE TABLE xx
(
  f1 int not null,
  f2 char(10),
  f3 varchar(30)
)
```

这条语句本身就构成了一个事务,它要么建立含 3 列的表结构,要么对数据库没有任何影响。

在实际应用中大量使用的是用户定义的事务,其定义方法为,用 BEGIN TRANSACTION 语句表明一个事务的开始,用 COMMIT 或 ROLLBACK 语句表明一个事务的结束。

注意:必须明确指定事务的结束,否则系统将把从事务开始到用户关闭连接之间所有的操作都作为一个事务来处理。

（1）开始事务。

语句格式：

```
BEGIN TRANSACTION | TRAN
```

功能：控制事务的开始。

（2）结束事务。

① 提交事务。

语句格式：

```
COMMIT
```

功能：COMMIT 语句用于提交事务，即将事务对数据库的所有更新写到物理数据库中，同时，也表明一个事务的结束。

② 回滚事务。

语句格式：

```
ROLLBACK
```

功能：回滚事务，即将事务对数据库已完成的操作全部撤销，回滚到事务开始时的状态，它也表明了一个事务的结束。ROLLBACK 语句将清除自事务的起点到某个保存点所做的所有数据修改，并且释放由事务控制的资源。

下面在数据库 JXGL 中进行实验，说明事务处理语句的使用。

实验 10.1 事务定义实验。

① 定义一个事务，将表"S"中姓名"李小刚"改为"李晓岗"，并提交该事务。

```
USE JXGL
GO
BEGIN TRANSACTION
UPDATE S
  SET sname = '李晓岗'
  WHERE sname = '李小刚'
COMMIT
GO
```

② 定义一个事务，将表"SC"中所有选了"C3"号课程的学生的分数增加 5%，并提交该事务。

```
USE JXGL
GO
DECLARE @TranName VARCHAR(20)
SELECT @TranName = 'Add_Grade'
BEGIN TRAN @TranName
  UPDATE SC SET GRADE = GRADE + GRADE * 0.05
  WHERE CNO = 'C3'
COMMIT TRAN @TranName
GO
```

本例使用 BEGIN TRAN 定义了一个名为 Add_Grade 的事务，之后使用 COMMIT TRAN 提交。执行该事务后，学习 C3 号课程的学生的成绩都增加了 5%。

③ 将删除表 SC 中学号为 S9 的学生的成绩和表 S 中学号为 S9 的学生记录定义为一个
事务,执行该事务,并提交。

```
USE JXGL
GO
DECLARE @TranName VARCHAR(20)
SELECT @TranName = 'Del_Grade'
BEGIN TRAN @TranName
    DELETE from SC WHERE SNO = 'S9'
    DELETE from S WHERE SNO = 'S9'
COMMIT TRAN @TranName
GO
```

该例在 SC 表中删除了 S9 同学的全部成绩,同时在 S 表中删除了 S9 同学的记录。这
是事务经常处理的情况,可以保证不同表中数据的一致性。

实验 10.2 SQL 事务处理实验。

① 当第 1 条记录有效,第 2 条有误时,保证两条记录都不写入数据库。

```
USE JXGL
GO
BEGIN TRAN
    INSERT INTO S(sno, sname, sex, age, sdept) VALUES('S20', '王荣格', '女', 21, 'CS')
    INSERT INTO S(sno, sname, sex, age, sdept) VALUES('S20', '王连福', '男', 22, 'MA')
    IF @@ERROR <> 0 ROLLBACK TRAN
COMMIT TRAN
GO
```

② 当第 1 条记录有误,第 2 条有效时,第 1 条不写入数据库,但第 2 条写入数据库。

```
USE JXGL
GO
INSERT INTO S(sno, sname, sex, age, sdept) VALUES('S20', '王荣格', '女', 21, 'CS')
BEGIN TRAN
    INSERT INTO S(sno, sname, sex, age, sdept) VALUES('S20', '王连福', '男', 22, 'MA')
    IF @@ERROR <> 0 ROLLBACK TRAN
    INSERT INTO S(sno, sname, sex, age, sdept) VALUES ('S21', '钱云华', '男', 21, 'MA')
    IF @@ERROR <> 0 ROLLBACK TRAN
COMMIT TRAN
GO
```

③ 不管哪条记录有问题,都不写入数据库。

```
USE JXGL
GO
BEGIN TRY
    BEGIN TRAN tempTran
    INSERT INTO S(sno, sname, sex, age, sdept) VALUES('S21', '王金霞', '女', 22, 'IS')
    INSERT INTO C(cno, cname, cdept, tname) VALUES('C14', '汇编语言', 'CS', '马政')
    INSERT INTO SC(sno, cno, grade) VALUES ('S20', 'C14', 78)
    COMMIT TRAN tempTran
END TRY
```

```
BEGIN CATCH
    ROLLBACK TRAN tempTran
    PRINT 'have error,please check. '
END CATCH
GO
```

本例中由于表 SC 中有记录('S20', 'C14',91),所以在插入记录('S20', 'C14',78)时发生冲突,使得事务中前两条语句的插入也失效。

2. 退回到事务指定的保存点

在 SQL Server 2008 中,ROLLBACK 还可以加上选项[TRAN[SACTION] <保存点名>|<保存点变量名>],保存点名或保存点变量名可用 SAVE TRAN(SACTION)语句进行设置:

```
SAVE TRAN[SACTION] {保存点名|@保存点变量名}
```

实验 10.3   事务的保存点。

① 定义一个事务,向 JXGL 数据库的 S 表中插入一行数据,然后删除该行。

```
USE JXGL
GO
BEGIN TRANSACTION
INSERT INTO S(sno,sname,sex,age,sdept)
    VALUES('S14','高艳霞','女',22,'IS')
SAVE TRAN My_sav
DELETE FROM S
WHERE sname = '高艳霞'
ROLLBACK TRAN My_sav
COMMIT TRAN
GO
```

执行上述事务后可知,新插入的数据行并没有被删除,因为事务中使用 ROLLBACK 语句将操作回滚到保存点 My_sav,即删除前的状态。

② 退到指定的事务保存点。

```
USE JXGL
GO
BEGIN TRAN
SAVE TRAN sp1
    INSERT INTO S(sno,sname,sex,age,sdept) VALUES('S21','王忠明','M',21,'MA')
    SAVE TRAN sp2
    INSERT INTO S(sno,sname,sex,age,sdept) VALUES('S22','田秀荣','F',22,'IS')
    SAVE TRAN sp3
    INSERT INTO S(sno,sname,sex,age,sdept) VALUES('S23','马忠波','M',20,'CS')
    SAVE TRAN sp4
    ROLLBACK TRAN sp3
COMMIT TRAN
GO
```

该例中每一个插入语句的后面都设置了存储点,但最后回滚语句到存储点 sp3,因此,第 1、2 条插入语句成功,第 3 条插入语句失效。

3. 复杂事务的设计

① 设计并执行事务：学生"王晓霞"打算选修"离散数学"课程。根据规定,此门课程选修的人数最多为 30 人,该学生是否可以选修此门课程,并给出提示结果。

```
USE JXGL
GO
BEGIN TRAN
  DECLARE @person_num tinyint,@c_no char(4),@s_no char(8)
  SELECT @c_no = cno FROM C WHERE cname = '离散数学'
  SELECT @s_no = sno FROM S WHERE sname = '王晓霞'
  SELECT @person_num = COUNT( * ) FROM SC WHERE cno = @c_no
  IF @person_num < 30
  BEGIN
    INSERT INTO SC(sno,cno) VALUES(@s_no,@c_no)
    COMMIT TRAN        -- 提交事务
    PRINT '王晓霞同学选修离散数学课程注册成功!'
  END
      ELSE
  BEGIN
    ROLLBACK TRAN -- 回滚事务
    PRINT '选修离散数学课程的人数已满,王晓霞同学不能再选修此课程!'
  END
  GO
```

② 设计并执行事务：李守信老师是 MA 系的老师,想到 CS 系应聘"数据库系统与应用"的课程教学。学校招聘的原则是,若应聘人员是副教授以上职称且目前任课教师人数少于两人,则应聘成功,并把该教师的教师号输入教师任课信息表 TC_info,否则不予接纳。

```
USE JXGL
GO
BEGIN TRAN
  DECLARE @person_num tinyint,@c_no char(4),@c_name char(4),@t_no char(4),@t_name char(8)
  SELECT @c_no = cno FROM C WHERE cname = '数据库系统与应用'
  SELECT @person_num = COUNT( * ) FROM SC WHERE cno = @c_no
  SET @t_name = '李守信'
  IF @person_num <= 2
  BEGIN       -- 不能招聘
    ROLLBACK TRAN
    PRINT '因数据库系统与应用课程任课人数已满,故李守信老师不能再应聘该课程岗位!'
  END
  ELSE
  BEGIN       -- 接受招聘
    SELECT @t_no = Tno FROM T_info WHERE tname = @t_name
    INSERT INTO TC_info(cno,cname,tno,tname) VALUES(@c_no,'数据库系统与应用',@t_no,
@t_name)
    COMMIT TRAN -- 提交事务
    PRINT '李守信老师任聘数据库系统与应用课程成功!'
  END
  GO
```

71

实
验
十

SQL Server 事务管理

四、注意事项

（1）要注意多表数据操作时的事务处理。

（2）引入事务处理是应对可能出现的数据错误的好方法。

（3）存储点、回滚和并发控制都需要 CPU 时间和存储空间。

五、思考题

（1）怎样利用事务处理并发操作？

（2）怎样理解事务是数据库应用程序的基本逻辑单元？

六、练习题

1. 在学生管理数据库 EDUC 中创建事务。

（1）将学生"陈东辉"的"计算机导论"的课程成绩改为 77 分。

（2）将课程"数据结构"和"电子商务"的课程号互换。

（3）教师"李邵琴"退休，将由她讲的课程"数据结构"转给"张笑天"老师讲授、课程"信息检索"转给"李玉和"老师讲授。

2. 在图书管理数据库 TSGL 中，创建相应事务进行实验。

实验十一　SQL Server 安全管理

一、实验目的

使学生加深对数据库安全性的理解,掌握 SQL Server 中有关用户、角色及操作权限的管理方法,学会分别使用 SQL Server Management Studio 和 T-SQL 语句创建与管理登录账户、权限。

二、实验内容

(1) 在 SQL Server Management Studio 中和使用 T-SQL 语句创建新账户和数据库用户。

(2) 在 SQL Server Management Studio 中和使用 T-SQL 语句创建数据库角色及授予权限。

三、实验指导

1. 创建新账户和用户

(1) 在 SQL Server Management Studio 中创建新账户。

实验 11.1　首先创建一个 Windows 登录用户 login_U,密码为 123456,然后使用 SQL Server Management Studio 平台将 Windows 登录用户增加到 SQL Server 登录账户中,为 Windows 身份验证。

步骤如下:

① 依次展开"控制面板"→"管理工具"→"计算机管理",在"本地用户和组"中创建一个用户 login_U,密码为 123456。

② 创建用户成功后,以系统管理员身份登录到 SQL Server Management Studio 平台主界面,依次展开"服务器"→"安全性"→"登录名"选项。

③ 右击"登录名",在弹出的快捷菜单中选择"新建登录名"命令,进入 SQL Server 登录属性窗口。

④ 在输入登录名前,单击"搜索"按钮,弹出"选择用户或组"对话框。然后单击"高级"按钮,在弹出的对话框中单击"立即查找"按钮,显示出所有的 Windows 用户,接着选择 login_U 选项,单击"确定"按钮。

⑤ 此时,在"登录名"选项下会出现一个新账户 login_U,选择一种身份验证模式。

- 如果选择 Windows 身份验证,只需指定该账户默认登录的数据库和默认语言即可。
- 如果选择 SQL Server 身份验证,则需要输入登录账户名称、密码及确认密码。

此处选择 Windows 身份验证,默认登录数据库为 JXGL。

⑥ 单击"确定"按钮,即可增加一个登录账户,如图 1.11.1 所示。

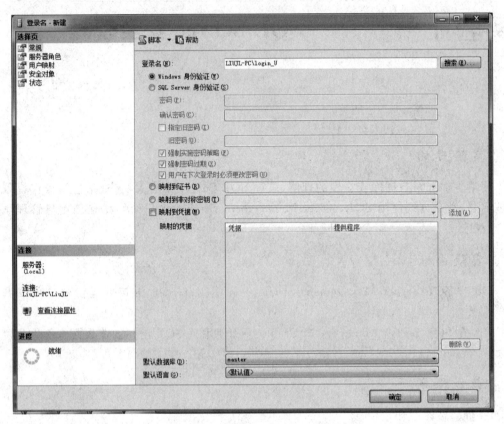

图 1.11.1   SQL Server 新建登录对话框

(2) 使用 SQL Server Management Studio 查看登录账户 login_U。

① 以系统管理员身份登录到 SQL Server Management Studio 管理平台主界面。

② 在对象资源管理器中分别展开"服务器"→"安全性"→"登录名"选项。

③ 右击该"登录名"下的 login_U,在弹出的快捷菜单中选择"属性"命令,打开 SQL Server 登录属性对话框,该对话框与图 1.11.1 所示的新建登录对话框格式相同,用户可以在此查看该登录账户的信息,也可以在此修改登录信息,但是不能改变身份验证模式。

(3) 使用 SQL Server Management Studio 为登录账户 login_U 创建数据库用户 login_D_U。

① 以系统管理员身份登录到 SQL Server Management Studio 管理平台主界面。

② 在对象资源管理器中分别展开"数据库"→JXGL→"安全性"→"用户"选项。

③ 右击"用户"选项,在弹出的快捷菜单中选择"新建用户"命令,弹出"数据库用户-新建"对话框。

④ 输入要创建的数据库用户的名字 login_D_U,然后在"登录名"文本框中输入相对应的登录名,或单击右面的 ... 按钮进行查找,在系统中选择相应的登录名,此处输入登录名 login_U。

⑤ 单击"确定"按钮，将新创建的数据库用户添加到数据库中，如图 1.11.2 所示。

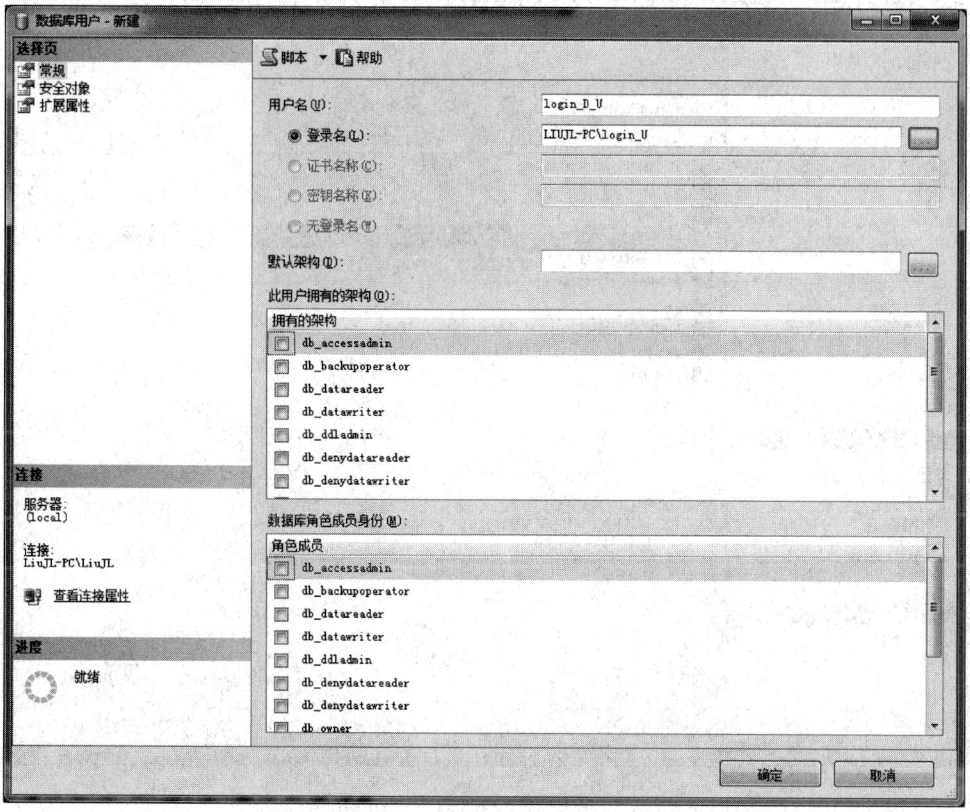

图 1.11.2　新建数据库用户的对话框

2. 角色

为了方便管理 SQL Server 数据库中的数据权限，在 SQL Server 中引入了角色的概念。数据库管理员可以根据实际应用的需要，将数据库的访问权限指定给角色，在创建用户后，把用户添加到角色中，这样用户就具有角色所具有的权限。

实验 11.2　使用 SQL Server Management Studio 为登录账户 login_U 创建和管理服务器角色。

服务器角色是指根据 SQL Server 的管理任务以及这些任务相对应的重要等级，把具有 SQL Server 管理职能的用户划分为不同的角色来管理 SQL Server。

① 以系统管理员身份登录到 SQL Server Management Studio 主界面。

② 在对象资源管理器中分别展开"服务器"→"安全性"→"服务器角色"选项。

③ 选择"服务器角色"选项，然后选择"视图"菜单中的"对象资源管理器详细信息"命令，用户在右边的"对象资源管理器详细信息"窗格中可以看到该数据库系统的 9 个服务器角色。

④ 右击要添加的服务器角色，例如 sysadmin，在弹出的快捷菜单中选择"属性"命令，系统将弹出如图 1.11.3 所示的"服务器角色属性-sysadmin"对话框。

⑤ 为登录账户 login_U 指定服务器角色，单击"添加"按钮，弹出"选择登录名"对话框。

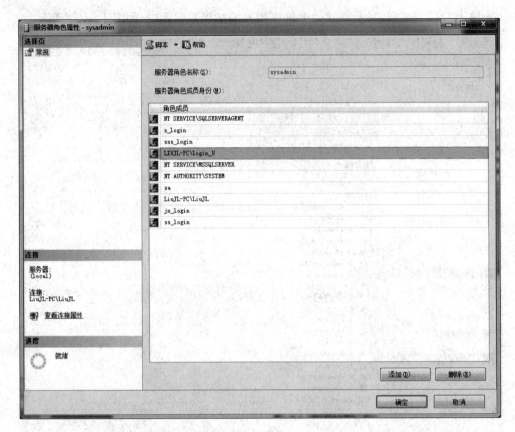

图 1.11.3 "服务器角色属性-sysadmin"对话框

⑥ 在"选择登录名"对话框中单击"浏览"按钮,选择相应的登录用户 login_U,并单击"确定"按钮将它加入到组中。

⑦ 如要收回登录账户 login_U 的服务器角色,只需选择该登录账户 login_U,然后单击"删除"按钮即可。

⑧ 再次单击"确定"按钮,完成登录账户的服务器角色的指定与收回,退出"服务器角色属性-sysadmin"对话框。

实验 11.3 使用 SQL Server Management Studio 为数据库用户 login_D_U 创建与管理数据库角色。

SQL Server 2008 在每一个数据库中都预定义了若干数据库角色,用户可以把创建的数据库用户添加为数据库角色的成员。

步骤如下:

① 以系统管理员身份登录到 SQL Server Management Studio 主界面。

② 在对象资源管理器中分别展开"服务器"→"数据库"→JXGL→"安全性"→"角色"→"数据库角色"选项。

③ 选择"视图"菜单中的"对象资源管理器详细信息"命令,在右边的窗格中显示该数据库的所有角色。

④ 右击要添加的数据库角色(本例中选择"db_owner"),在弹出的快捷菜单中选择"属

性"命令,系统将弹出数据库角色属性对话框,类似图 1.10.3。

⑤ 为数据库用户 login_D_U 指定角色,单击"添加"按钮,弹出"选择数据库用户或角色"对话框。

⑥ 在"选择数据库用户或角色"对话框中单击"浏览"按钮,选择相应的数据库用户 login_D_U,然后单击"确定"按钮将它加入到组中。

⑦ 在用户 login_D_U 增加后,单击"确定"按钮,完成一个数据库角色的成员的添加。

⑧ 如果要删除数据库角色的成员 login_D_U,可单击成员 login_D_U,然后单击"删除"按钮。

实验 11.4 使用 SQL Server Management Studio 为数据库用户 login_D_U 设置表 S 的"SNO"、"SNAME"的"选择"、"删除"、"更新"权限。

① 在"对象资源管理器"中依次展开"数据库"→JXGL→"安全性"→"用户",然后选中 "login_D_U"并右击,选择"属性"命令,弹出"数据库用户-login_D_U"对话框。接着单击 "搜索"按钮,弹出"添加对象"对话框,如图 1.11.4 所示。

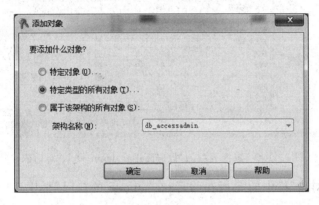

图 1.11.4 "添加对象"对话框

② 单击"确定"按钮,弹出"选择对象类型"对话框,如图 1.11.5 所示。选择"表"选项,单击"确定"按钮,返回"数据库用户-login_D_U"对话框,如图 1.11.6 所示。

图 1.11.5 "选择对象类型"对话框

SQL Server 安全管理

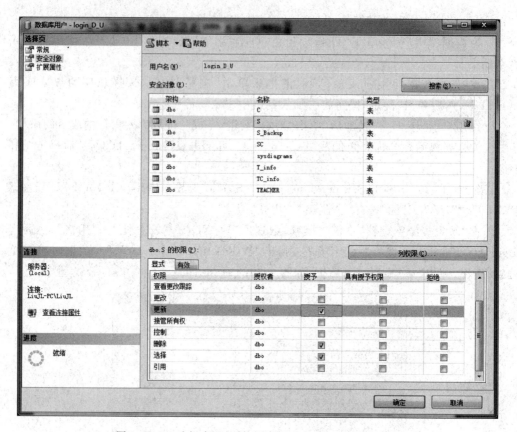

图 1.11.6　选择表后的"数据库用户-login_D_U"对话框

③ 选择"安全对象"栏中的 S 所在的行,在"dbo.S 的权限"栏中选中"选择"、"删除"、"更新"行的复选框。

④ 单击"列权限"按钮,弹出"列权限"对话框,选中 SNO 和 SNAME 的"授予"列,如图 1.11.7 所示,单击"确定"按钮。

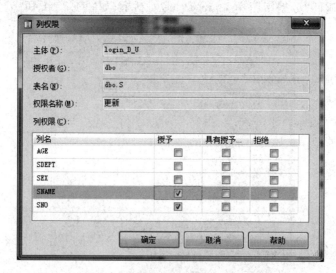

图 1.11.7　"列权限"对话框

⑤ 单击"确定"按钮，即可设置好数据库用户 login_D_U 对表 S 的 SNO、SNAME 的"选择"、"删除"、"更新"权限。

⑥ 用户也可以查看刚刚设置好的权限，在"对象资源管理器"中依次展开"数据库"→JXGL→"安全性"→"用户"→login_D_U，然后右击，在弹出的快捷菜单中选择"属性"命令，弹出"数据库用户-login_D_U"对话框，在"安全对象"选择页中进行查看即可。

实验 11.5 使用 SQL Server Management Studio 为数据库用户 login_D_U 创建和删除自定义数据库角色。

① 以系统管理员身份登录到 SQL Server Management Studio 主界面。

② 在对象资源管理器中分别展开"服务器"→"数据库"→JXGL→"安全性"→"角色"→"数据库角色"选项。

③ 右击要创建的数据库角色（如 db_owner），在快捷菜单中选择"新建数据库角色"命令，系统将弹出新建数据库角色的对话框，如图 1.11.8 所示。

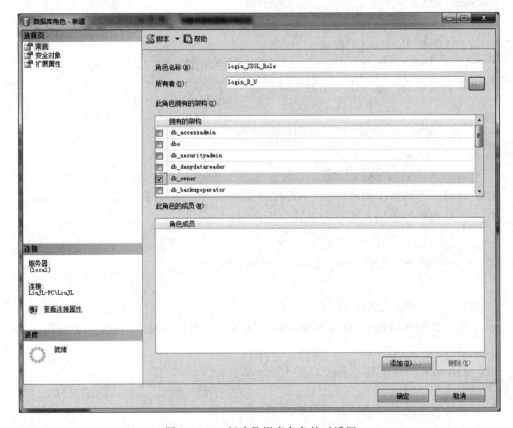

图 1.11.8　新建数据库角色的对话框

④ 在"角色名称"文本框中输入要定义的角色名称，如 login_JXGL_Role。

⑤ 为数据库角色指定所有者，单击 ⋯ 按钮，弹出"选择数据库用户或角色"对话框。

⑥ 在"选择数据库用户或角色"对话框中单击"浏览"按钮，选择相应的数据库用户 login_D_U，并单击"确定"按钮。

⑦ 单击"确定"按钮，完成角色的创建。

SQL Server 安全管理

⑧ 如要删除自定义数据库角色,可单击对应的数据库角色,然后单击"删除"按钮。

3. 使用 T-SQL 语句进行安全性管理

实验 11.6 创建一个 SQL Server 登录账户 login_Account,密码为"123456",创建后将密码改为"abcd"。

① 在查询编辑器的输入窗口中输入以下语句:

```
GO
EXEC sp_addlogin login_Account,'123456'
GO
```

② 单击工具栏中的"执行"按钮。

③ 在修改登录账户密码时,在查询编辑器的输入窗口中输入以下语句:

```
GO
EXEC sp_password '123456','abcd',login_Account
GO
```

④ 单击工具栏中的"执行"按钮。

实验 11.7 为登录账户 login_Account 创建数据库用户 login_Account_User。

① 在查询编辑器的输入窗口中输入以下语句:

```
GO
EXEC sp_grantdbaccess login_Account,login_Account_User
GO
```

② 单击工具栏中的"执行"按钮。

实验 11.8 为数据库用户 login_Account_User 创建并管理数据库角色。

① 在查询编辑器的输入窗口中输入以下语句:

```
GO
EXEC sp_addrolemember 'db_owner',login_Account_User
GO
```

② 单击工具栏中的"执行"按钮。

③ 在取消数据库角色时,在查询编辑器的输入窗口中输入以下语句:

```
GO
EXEC sp_droprolemember 'db_owner',login_Account_User
GO
```

④ 单击工具栏中的"执行"按钮。

实验 11.9 数据库管理员把查询表 S 的权限授给用户 login_Account_User。

① 在查询编辑器的输入窗口中输入以下语句:

```
USE JXGL
GO
GRANT SELECT ON S TO login_Account_User
GO
```

② 单击工具栏中的"执行"按钮。

实验 11. 10　把对 C 表的查询、删除和修改权限授给用户 login_Account_User 和 Stu_User。

① 在查询编辑器的输入窗口中输入以下语句：

```
USE JXGL
GO
GRANT SELECT,DELETE,UPDATE ON C TO login_Account_User,Stu_User
GO
```

② 单击工具栏中的"执行"按钮。

实验 11.11　数据库管理员把对 SC 表的查询权限授给所有用户。

① 在查询编辑器的输入窗口中输入以下语句：

```
USE JXGL
GO
GRANT SELECT,DELETE,UPDATE ON SC TO public
GO
```

② 单击工具栏中的"执行"按钮。

实验 11.12　删除数据库用户 login_Account_User。

① 在查询编辑器的输入窗口中输入以下语句：

```
USE JXGL
GO
EXEC sp_revokedbaccess 'login_Account_User'
GO
```

② 单击工具栏中的"执行"按钮。

实验 11.13　删除登录账户 login_Account。

① 在查询编辑器的输入窗口中输入以下语句：

```
USE JXGL
GO
EXEC sp_droplogin @loginame = 'login_Account'
GO
```

② 单击工具栏中的"执行"按钮。

四、注意事项

（1）在创建一个数据库时，SQL Server 2008 自动将创建该数据库的登录账户设置为该数据库的一个用户，并取名为 dbo。

（2）如果要访问某个具体的数据库，必须有一个用于控制在数据库中所执行活动的数据库用户账户。

（3）使用 T-SQL 语句对角色的操作都是利用 SQL Server 2008 中的存储过程进行的。

五、思考题

（1）在 SQL Server 2008 中有哪些数据库安全功能？性能怎样？

（2）在 SQL Server 2008 中可以对哪些对象进行哪些操作权限设定？

（3）在 SQL Server 2008 的数据库中有哪些管理权限类型？其授予方式主要有哪些？

六、练习题

1. 创建一个 Windows 认证的登录账户 newuser，并定义数据库用户 new_user，允许该用户对数据库 EDUC 进行查询。

2. 创建一个 Windows 认证的登录账户 Student，并定义数据库用户 Student_user，设置允许该用户使用数据库 EDUC 进行查询，对表的 score 列进行插入、修改和删除操作。

3. 创建一个 SQL Server 认证的登录账户 SQLAdmin，并设置允许使用数据库 TSGL 进行查询，对 readers 表、books 表、borrowinf 表、readtype 表中的"读者编号"、"读者姓名"、"作者"、"图书名称"、"图书编号"、"借阅日期"、"类型名称"、"限借数量"列进入插入、修改和删除操作。

实验十二　数据库的备份与恢复

一、实验目的

使学生了解 SQL Server 的数据库备份和恢复机制,掌握 SQL Server 中数据库备份与还原的方法。

二、实验内容

(1) 使用 SQL Server Management Studio 创建备份设备。

(2) 使用 SQL Server Management Studio 平台对数据库 JXGL 进行备份和恢复。

(3) 使用 T-SQL 语句将数据库 JXGL 备份到"D:\JXGLSYS\DATA \JXGL. bak"并恢复。

三、实验指导

1. 分离和附加数据库

分离和附加数据库是数据库备份与恢复的一种常用方法,类似于"文件复制"方法。但由于数据库管理系统的特殊性,需要利用 SQL Server 提供的工具完成以上工作,而简单的文件复制会导致数据库根本无法正常使用。

实验 12.1　利用 SSMS 图形方式分离数据库。

下面以分离教学管理数据库 JXGL 为例,给出该方法的具体步骤。

① 在"对象资源管理器"中展开"数据库",选定需要分离的数据库名称 JXGL,然后右击 JXGL,在弹出的快捷菜单中选择"属性"命令,弹出"数据库属性-JXGL"对话框。

② 在该对话框中单击"选项",然后在"其他选项"列表中找到"状态"项,单击"限制访问",在其下拉列表中选择"SINGLE_USER",如图 1.12.1 所示。

③ 在图 1.12.1 中单击"确定"按钮后将出现一个消息框,提示"若更改数据库属性,SQL Server 必须关闭此数据库的所有其他连接。是否确实要更改属性并关闭所有其他连接?"。应注意,在大型数据库系统中,随意断开数据库的其他连接是一个危险的操作,因为我们无法知道连接到数据库上的应用程序正在做什么,也许被断开的是一个正在对数据进行复杂的更新且已经运行较长时间的事务。

④ 在弹出的消息框中单击"是"按钮后,数据库名称"JXGL"后面增加显示"单个用户"。右击该数据库名称,在快捷菜单中选择"任务"的"分离"命令,弹出"分离数据库"对话框。

⑤ 在"分离数据库"对话框中列出了要分离的数据库名称,选中"更新统计信息"复选框。若"消息"列中没有显示存在活动连接,则"状态"列显示为"就绪",否则显示"未就绪",此时必须选中"删除连接"列的复选框,如图 1.12.2 所示。

84

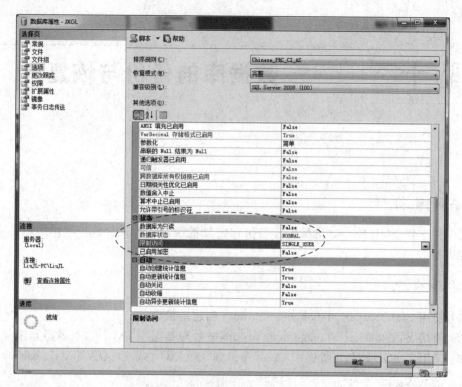

图 1.12.1　"数据库属性-JXGL"对话框

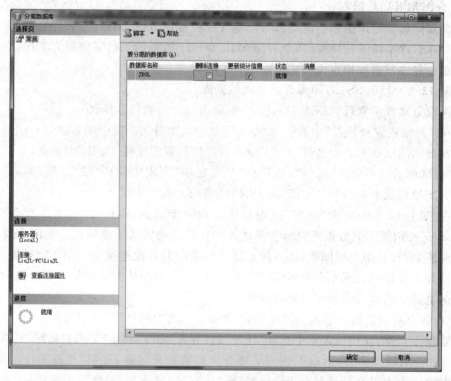

图 1.12.2　"分离数据库"对话框

⑥ 分离数据库参数设置完成后,单击图 1.12.2 中的"确定"按钮,就完成了所选数据库的分离操作。这时,在对象资源管理器的数据库对象列表中就看不到刚才被分离的数据库名称 JXGL 了。

实验 12.2 利用存储过程 sp_detach_db 分离 JXGL 数据库。

```
USE master
GO
EXEC sp_detach_db 'JXGL'
GO
```

实验 12.3 附加教学管理数据库 JXGL。

① 将需要附加的数据库文件和日志文件复制到某个已经创建好的文件夹中。假设教学管理数据库 JXGL 已经存储在 D:\JXGLSYS\DATA 文件夹中,在"对象资源管理器"中右击"数据库"对象,并在快捷菜单中选择"附加"命令,打开"附加数据库"对话框。

② 在"附加数据库"对话框中单击中间的"添加"按钮,打开定位数据库文件的对话框,在此对话框中展开 D:\JXGLSYS\DATA 文件夹,选择要附加的数据库文件 JXGL.mdf(扩展名为.mdf),如图 1.12.3 所示。

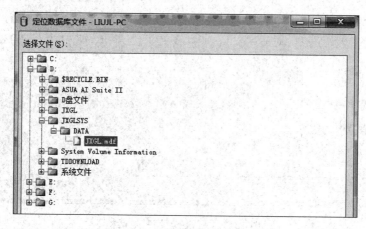

图 1.12.3   定位数据库文件的对话框

③ 单击"确定"按钮完成附加数据库文件的设置工作。

实验 12.4 利用 T-SQL 语句附加 JXGL 数据库。

```
USE master
GO
CREATE DATABASE JXGL
ON(FILENAME = 'D:\JXGLSYS\DATA\JXGL.mdf')
FOR ATTACH
GO
```

2. 创建备份设备

在进行数据库备份时,必须先创建备份设备。

实验 12.5 在 D:\JXGL 文件夹下,利用 SSMS 图形方式创建一个用来备份数据库 JXGL 的备份设备 back_JXGL。

① 在"对象资源管理器"中展开"服务器对象",然后右击"备份设备"。

② 在弹出的快捷菜单中选择"新建备份设备"命令,弹出"备份设备"对话框,在"设备名称"文本框中输入"back_JXGL",并在"目标"区域中设置文件,如图 1.12.4 所示。本例中将备份设备存储在 D:\JXGL 文件夹下,因此必须保证 SQL Server 2008 所选择的硬盘驱动器上有足够的可用空间。

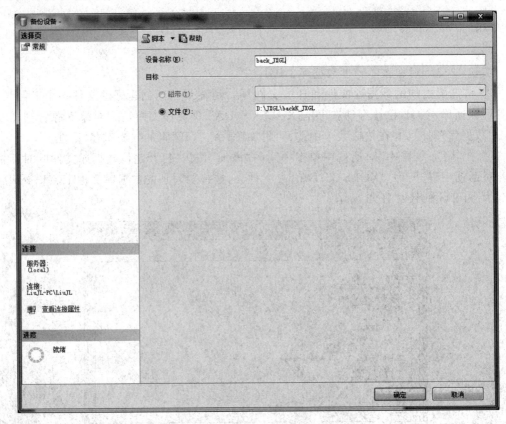

图 1.12.4 "备份设备"对话框

③ 单击"确定"按钮完成永久备份设备的创建。

创建完毕之后,用户可以在 Windows 资源管理器中查找到一个名为 back_JXGL.bak 的文件。但有时可能找不到它,因为 SQL Server 还没有创建这个文件,SQL Server 只是在 master 数据库中的 sysdevices 表上简单地添加了一条记录,这条记录在首次备份到该设备时,会通知 SQL Server 将备份文件创建在什么地方。

实验 12.6 管理备份设备。

① 使用系统存储过程 sp_adddumpdevice 创建一个名为 mydiskdump 的备份设备,其物理名称为"D:\JXGL\Dump1.bak"。

```
USE master
GO
EXEC sp_adddumpdevice 'disk', 'mydiskdump', 'D:\JXGL\Dump1.bak'
GO
```

② 查看创建的设备文件。

```
USE master
GO
SELECT * FROM sysdevices
GO
```

③ 利用 SSMS 图形方式删除备份设备。

首先在"对象资源管理器"中依次展开"服务器对象"→"备份设备",然后选择要删除的具体备份设备,右击,从弹出的快捷菜单中选择"删除"命令,完成删除操作。

④ 使用系统存储过程 sp_dropdevice 删除备份设备。

```
USE master
GO
EXEC sp_dropdevice 'mydiskdump'
GO
```

3. 查看备份设备的信息

实验 12.7 利用 SQL Server Management Studio 的图形化工具或使用 T-SQL 语句查看备份设备的信息。

在"对象资源管理器"中依次展开"服务器对象"→"备份设备",右击所要查看信息的备份设备,在弹出的快捷菜单中选择"属性"命令,打开备份设备的属性对话框,在其中利用"常规"和"媒体内容"选择页查看相关信息。

使用 T-SQL 语句查看备份设备 back_JXGL 的相关信息:

```
GO
restore HEADERONLY FROM back_JXGL
GO
```

4. 进行数据库备份

SQL Server 数据库有 4 种备份类型,即完整数据库备份、差异数据库备份、事务日志备份和文件或文件组备份。

实验 12.8 利用 SSMS 图形化工具进行数据库备份。

(1) 对教学管理数据库 JXGL 进行一次完整备份。

① 在"对象资源管理器"中展开"数据库",然后右击 JXGL,在弹出的快捷菜单中选择"属性"命令,打开"数据库属性-JXGL"对话框。

② 切换到"选项"选择页,从"恢复模式"下拉列表中选择"完整"选项,然后单击"确定"按钮,即可应用所修改的结果。

③ 右击数据库 JXGL,从弹出的快捷菜单中选择"任务"→"备份"命令,打开"备份数据库-JXGL"对话框,在"数据库"下拉列表中选择 JXGL 数据库,在"备份类型"下拉列表中选择"完整"选项,保留"名称"文本框中的内容不变,在"说明"文本框中输入"complete backup of JXGL"。

④ 设置备份到磁盘的目标位置,通过单击"删除"按钮,删除已存在的目标,如图 1.12.5 所示。

⑤ 单击"添加"按钮,弹出"选择备份目标"对话框,选中"备份设备"单选按钮,然后从下拉列表中选择"back_JXGL"选项,如图 1.12.6 所示。

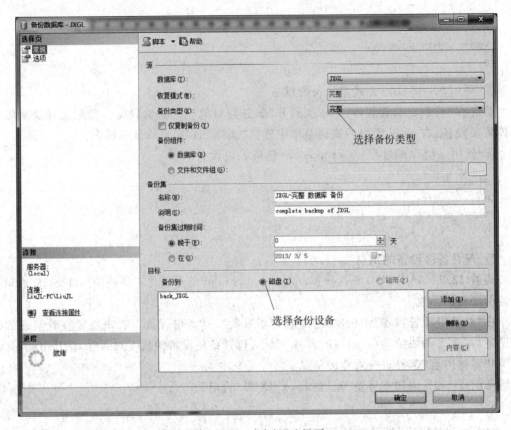

图 1.12.5 "常规"选择页

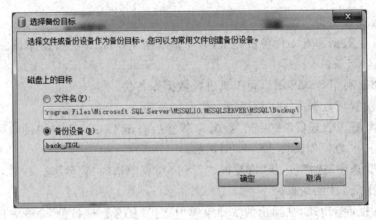

图 1.12.6 "选择备份目标"对话框

⑥ 设置好以后,单击"确定"按钮返回"备份数据库-JXGL"对话框,这时可以看到"目标"下面的文本框中增加了一个备份设备 back_JXGL。

⑦ 切换到"选项"选择页,选中"覆盖所有现有备份集"单选按钮,该选项用于初始化新的设备或覆盖现在的设备;选中"完成后验证备份"复选框,该选项用来核对实际数据库与备份副本,并确保它们在备份完成之后是一致的。具体设置如图 1.12.7 所示。

⑧ 完成设置后,单击"确定"按钮开始备份,完成备份后将弹出"备份完成"对话框,表示

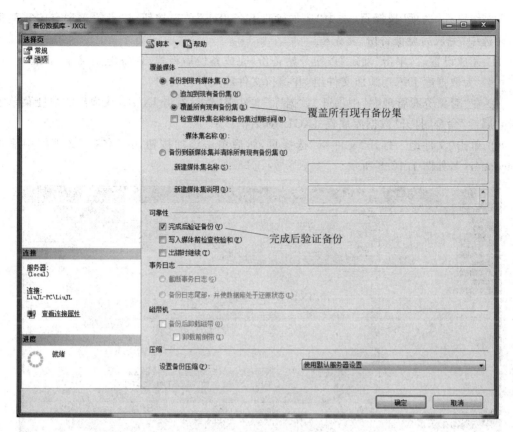

图 1.12.7 "选项"选择页

已经完成了数据库 JXGL 的一个完整备份。

（2）创建教学管理数据库 JXGL 的差异备份。

① 在"对象资源管理器"中展开"数据库"文件夹，然后右击 JXGL，从弹出的快捷菜单中选择"任务"→"备份"命令，打开"备份数据库-JXGL"对话框。

② 在"备份数据库-JXGL"对话框中选择要备份的数据库为 JXGL，并选择"备份类型"为"差异"，保留"名称"文本框中的默认名称，在"说明"文本框中可以输入"differential backup of JXGL"，在"目标"下面确保列出了 JXGL 设备。

③ 切换到"选项"选择页，选中"追加到现有备份集"单选按钮，以免覆盖现有的完整备份，并且选中"完成后验证备份"复选框，以确保它们在备份完成之后是一致的。

④ 完成设置后，单击"确定"按钮开始备份，完成备份后将弹出"备份完成"对话框，表示已经完成了 JXGL 数据库的一个差异备份。

（3）对数据库 JXGL 进行事务日志备份。

① 在"对象资源管理器"中展开"数据库"，然后右击 JXGL，从弹出的快捷菜单中选择"任务"→"备份"命令，打开"备份数据库-JXGL"对话框。

② 在"备份数据库-JXGL"对话框中选择所要备份的数据库 JXGL，并且设置"备份类型"为"事务日志"，保留"名称"文本框中的默认名称，在"说明"文本框中可以输入"Transaction log backup of JXGL"，在"目标"下面确保列出了 JXGL 设备。

实验十二

数据库的备份与恢复

③ 切换到"选项"选择页,选中"追加到现有备份集"单选按钮,以免覆盖现有的完整备份,再选中"完成后验证备份"复选框。

④ 完成设置后,单击"确定"按钮开始备份,完成备份后将弹出"备份完成"对话框。

(4) 为数据库 JXGL 添加文件组,并执行文件或文件组备份。

① 在"对象资源管理器"中展开"数据库"文件夹,然后右击 JXGL,从弹出的快捷菜单中选择"属性"命令,打开"数据库属性-JXGL"对话框。

② 单击"文件组",打开"文件组"选择页,然后单击添加按钮,在"名称"文件框中输入"Secondary",如图 1.12.8 所示。

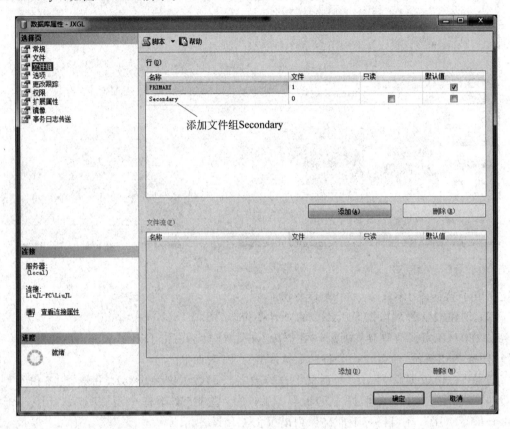

图 1.12.8　添加文件组

③ 单击"文件",打开"文件"选择页,然后单击"添加"按钮,并设置各选项。

- 逻辑名称:JXGL_data;
- 文件类型:行数据;
- 文件组:Secondary;
- 初始大小:4。

具体设置如图 1.12.9 所示。

④ 单击"确定"按钮关闭"数据库属性-JXGL"对话框。

下面进行文件或文件组备份,具体步骤如下:

① 右击 JXGL,从快捷菜单中选择"任务"→"备份"命令,弹出"备份数据库-JXGL"对话

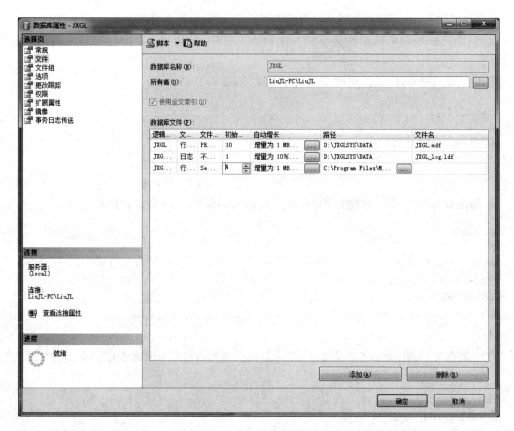

图 1.12.9　设置文件选项

框,选择要备份的数据库 JXGL,并且设置备份类型为"完整"。

② 在"备份组件"中选择"文件组"选项,打开"选择文件组"对话框,然后选中 Secondary 旁边的复选框。

③ 单击"确定"按钮,保留其他选项为默认值,或者根据需要修改相应的选项,但应确保 "目标"项中为"back_JXGL"备份设备。

④ 打开"选项"选择页,选中"追加到现有备份集"单选按钮,以免覆盖现有的完整备份, 并选中"完成后验证备份"复选框。

⑤ 设置完成后,单击"确定"按钮开始备份,完成后将弹出备份成功消息框。

实验 12.9　利用 BACKUP 命令进行数据库备份。

① 在创建的备份设备 back_JXGL 上重新备份数据库 JXGL,并覆盖以前的数据。

```
USE master
GO
BACKUP DATABASE JXGL
TO DISK = 'D:\JXGL\tmpxsbook.bak'         -- 物理文件名
WITH INIT,                                -- 覆盖当前备份设备上的每一项内容
NAME = 'D:\JXGL\back_JXGL',               -- 备份设备名
DESCRIPTION = 'This is then full full backup JXGL'
GO
```

数据库的备份与恢复

从结果可以看出,完整数据库备份将数据库中的所有数据文件和日志文件都进行了备份。
当然,用户也可以将数据库备份到一个磁盘文件中,此时,SQL Server 将自动为其创建备份设备。

② 将数据库 JXGL 备份到磁盘文件 JXGL_backup. bak 中。

```
USE master
GO
BACKUP DATABASE JXGL
TO DISK = 'D:\JXGLSYS\JXGL_backup. bak'
GO
```

③ 创建数据库 JXGL 的差异备份,并将此备份追加到以前所有备份的后面。

```
USE master
GO
BACKUP DATABASE JXGL
TO DISK = 'D:\JXGLSYS\firstbackup'
WITH DIFFERENTIAL,
NOINIT
GO
```

④ 对数据库 JXGL 做事务日志备份,要求追加到现有备份集 firstbackup 的本地磁盘设备上。

```
USE master
GO
BACKUP LOG JXGL
TO DISK = 'D:\JXGLSYS\firstbackup'
WITH NOINIT
GO
```

⑤ 将数据库中添加的文件组 Secondary 备份到本地磁盘设备 firstbackup 上。

```
USE master
GO
BACKUP DATABASE JXGL
FILEGROUP = 'Secondary'
TO DISK = 'firstbackup'
WITH NOINIT
GO
```

5. 恢复数据库

实验 12.10 利用 SQL Server Management Studio 平台对数据库 JXGL 进行恢复。

① 在"对象资源管理器"中右击 JXGL 数据库,从快捷菜单中选择"任务"→"还原"→"数据库"命令,弹出"还原数据库-JXGL"对话框,如图 1.12.10 所示。

② 选择恢复的"源数据库"为 JXGL,或者选择恢复的源设备。在"选择用于还原的备份集"中,可以同时选择"完整"、"差异"和"事务日志",也可以选择其中的任何一个。

③ 在"选项"选择页中,配置恢复操作的选项。其中,在"还原选项"中可以选中"覆盖现有数据库"、"保留复制设置"、"还原每个备份之前进行提示"或"限制访问还原的数据库"复选框,如图 1.12.11 所示。

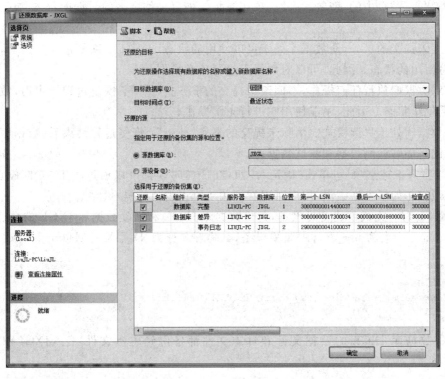

图 1.12.10　"还原数据库-JXGL"对话框

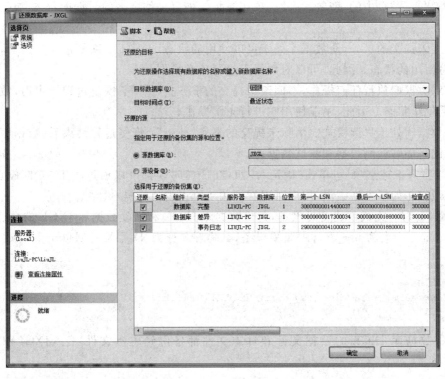

图 1.12.11　"选项"选择页

实验十二

数据库的备份与恢复

另外,"选项"页中的"恢复状态"选项用来指定恢复操作之后的数据库状态,有以下几个选项。

"回滚未提交的事务,使数据库处于可以使用的状态。……":恢复过程结束后,使数据库处于可使用的状态。因此,可以对数据库进行正常操作。

"不对数据库执行任何操作,不回滚未提交的事务。……":恢复过程结束后,数据库还没有返回就绪状态。因此,不能使用它进行正常操作。

"使数据库处于只读模式。消除未提交的事务,……":恢复过程结束后,数据库处于只读模式,此时能够检测数据和测试数据库。

④ 设置好上述选项后,单击"确定"按钮(在任何时候都可以通过单击"立即停止操作"来停止恢复)。如果发生错误,用户可以看到关于错误消息的提示。

实验 12.11 完成创建备份设备,备份数据库 JXGL 和恢复数据库 JXGL 的全过程。

① 添加一个名为 my_disk 的备份设备,其物理名称为"D:\JXGL\Dump2.bak"。

```
USE master
GO
EXEC sp_addumpdevice 'disk','my_disk','D:\JXGL\Dump2.bak'
GO
```

② 将数据库 JXGL 的数据文件和日志文件都备份到磁盘文件"D:\JXGL\Dump2.bak"中。

```
USE master
GO
BACKUP DATABASE JXGL
TO DISK = 'D:\JXGL\Dump2.bak'
BACKUP LOG JXGL TO DISK = 'D:\JXGL\Dump2.bak' WITH NORECOVERY;
GO
```

③ 从 my_disk 备份设备中恢复数据库 JXGL。

```
USE master
GO
RESTORE DATABASE JXGL
FROM DISK = 'D:\JXGL\Dump2.bak'
GO
```

四、注意事项

(1) 完整备份是指备份整个数据库,包括备份数据库文件、这些文件的地址以及事务日志的某些部分。

(2) 差异备份是将从最近一次完整数据库备份以后发生改变的数据库进行备份。

(3) 事务日志备份是将自上一个事务以来发生变化的部分进行备份。

五、思考题

(1) SQL Server 完整备份、差异备份、事务日志备份、文件组备份的功能及特点是什么?

(2) 为什么 SQL Server 利用文件组可以加快数据访问的速度?

六、练习题

1. 对学生管理数据库 EDUC 进行完整备份、差异备份、事务日志备份和文件组备份。
2. 对图书管理数据库 TSGL 进行完整备份、差异备份、事务日志备份和文件组备份。
3. 对备份的学生管理数据库 EDUC 进行恢复。
4. 对备份的图书管理数据库 TSGL 进行恢复。

数据库的备份与恢复

实验十三　数据的导入和导出

一、实验目的

使学生了解和掌握 SQL Server 环境中数据导入和导出的方法。

二、实验内容

(1) 使用 SQL Server 导入和导出向导导入数据至数据表。

(2) 使用 SQL Server 导入和导出向导从源数据库表中导出数据至 Excel 工作表。

(3) 使用 SQL Server 导入和导出向导并用一条查询语句指定导出数据至 TXT 格式的文件。

(4) 使用 SQL Server 导入和导出向导从 SQL Server 源数据库表导出数据至 Microsoft Access 数据库表。

(5) 使用 SQL Server 导入和导出向导将 Microsoft Excel 表导入到 SQL Server 数据库中。

三、实验指导

实验 13.1　利用 SQL Server 导入和导出向导,将学生表 S 中的信息转换成 Excel 表,文件名是 S_Excel. xls。

① 在"对象资源管理器"中展开"数据库",选择要分离的数据库 JXGL,然后右击 JXGL,在快捷菜单中选择"任务"→"导出数据"命令,弹出"SQL Server 导入和导出向导"对话框。

② 选择数据源。单击"下一步"按钮,弹出"选择数据源"对话框,在"数据源"下拉列表中选择 SQL Server Native Client 10.0;在"服务器名称"下拉列表中输入本机的名字,例如"LiuJL-PC\LiuJL"(若是本地机也可以选择"local");选中"使用 Windows 身份验证"单选按钮;在"数据库"下拉列表中选择 JXGL。

③ 单击"下一步"按钮,进入"选择目标"对话框。

④ 在"选择目标"对话框的"目标"下拉列表中选择 Microsoft Excel 选项,在"Excel 文件路径"文本框中输入"D:\JXGL\S_Excel. xls",在"Excel 版本"下拉列表中选择 Microsoft Excel 97-2003 选项,并选中"首行包含列名称"复选框,如图 1.13.1 所示。

⑤ 单击"下一步"按钮,进入"指定表复制或查询"对话框。

⑥ 指定导出方式。选中"复制一个或多个表或视图的数据"单选按钮,单击"下一步"按钮,进入"选择源表和源视图"对话框。

⑦ 选择数据源表。在"源"列中选择"[dbo].[S]",在同行的"目标"列中选择默认名称"S"作为导出的工作表名称,如图 1.13.2 所示。单击"下一步"按钮,进入"保存并运行包"对话框。

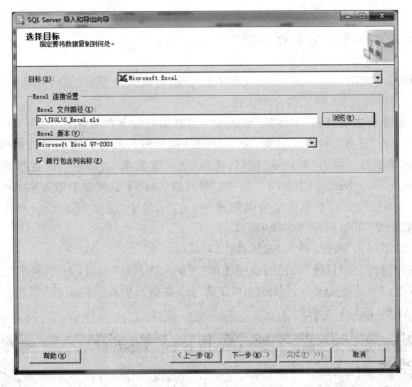

图 1.13.1 "选择目标"对话框

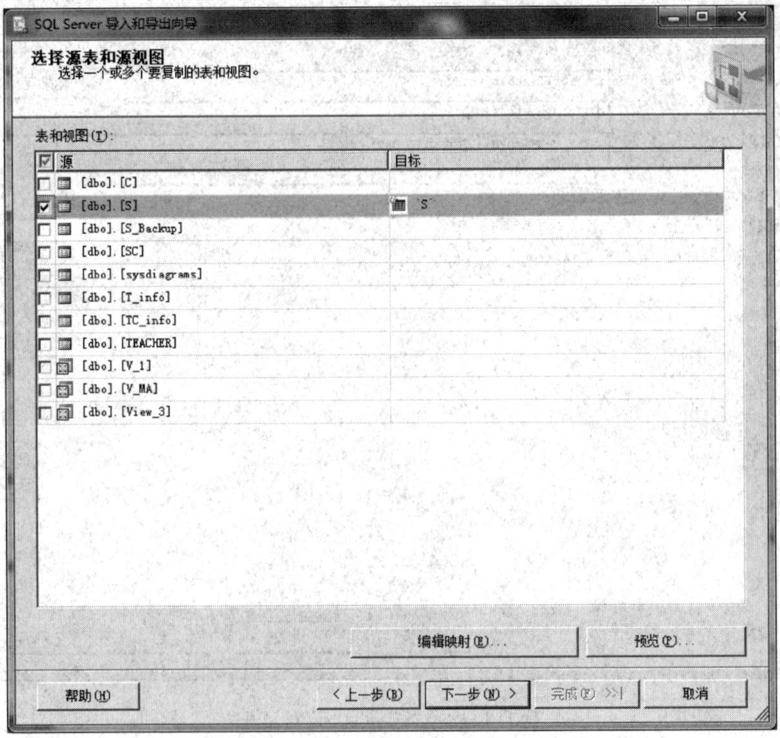

图 1.13.2 "选择源表和源视图"对话框

数据的导入和导出

⑧ 单击"下一步"按钮,进入"完成该向导"对话框,然后单击"完成"按钮执行操作。

⑨ 若执行正确,则打开"执行成功"对话框。

⑩ 单击"关闭"按钮,完成操作。

实验 13.2 使用 SQL Server 导入和导出向导,将数据库 JXGL 的 Teacher 中的除简历以外的数据转换成 TXT 格式的文本文件。

① 在"对象资源管理器"中展开"数据库",选择需要分离的数据库 JXGL,然后右击,在快捷菜单中选择"任务"→"导出数据"命令,弹出"SQL Server 导入和导出向导"对话框。

② 选择数据源。单击"下一步"按钮,弹出"选择数据源"对话框,在"数据源"下拉列表中选择 SQL Server Native Client 10.0;在"服务器名称"下拉列表中输入本机的名字,例如"LiuJL-PC\LiuJL"(若是本地机也可以选择"local");选中"使用 Windows 身份验证"单选按钮;在"数据库"下拉列表中选择 JXGL。

③ 单击"下一步"按钮,进入"选择目标"对话框。

④ 选择目标。在"目标"下拉列表中选择"平面文件目标"选项,在"文件名"文本框中输入"D:\JXGL\Teacher_txt.txt",并选中"在第一个数据行中显示列名称"复选框,其他选项选择默认,如图 1.13.3 所示。

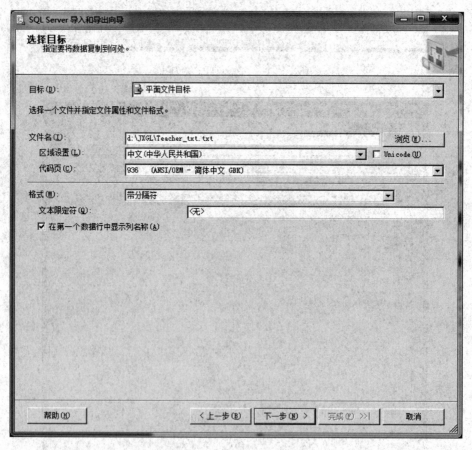

图 1.13.3 "选择目标"对话框

⑤ 单击"下一步"按钮,进入"指定表复制或查询"对话框。

⑥ 指定导出方式。选中"编写查询以指定要传输的数据"单选按钮，单击"下一步"按钮，进入"提供源查询"对话框。

⑦ 输入查询语句。在"SQL 语句"文本框中输入下列 SQL 语句：

SELECT tno,tname,tsex,birthday,title FROM teacher

查询数据表 teacher 中除 salary 列以外的所有数据列。单击"分析"按钮，对 SQL 语句进行语法分析、检查，如果正确，则系统显示"此 SQL 语句有效"，单击"确定"按钮，再单击两次"下一步"按钮，进入"配置平面文件目标"对话框。

⑧ 设置 TXT 分隔符。查看"源查询"、"行分隔符"、"列分隔符"选项，并采用默认设置，如图 1.13.4 所示。

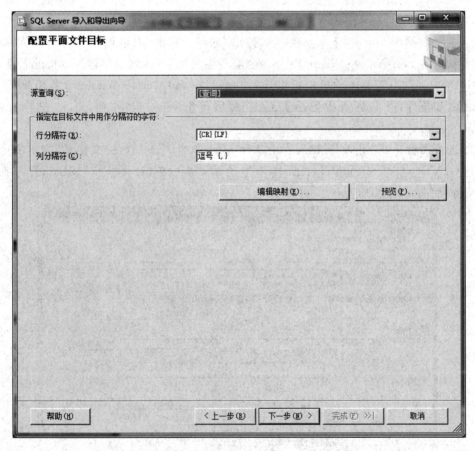

图 1.13.4　"配置平面文件目标"对话框

⑨ 单击"下一步"按钮，进入"保存并运行包"对话框。由于下面的步骤和实验 13.1 类似，这里不再赘述。

实验 13.3　使用 SQL Server 导入和导出向导，将数据库 JXGL 的数据表中的数据导出至 Microsoft Access 数据库中的数据表。

（1）创建一个 Microsoft Access 数据库。

① 启动 Microsoft Access 2003 系统。单击"开始"按钮，选择"程序"→ Microsoft

Access 2003,打开 Microsoft Access 2003 系统环境。

② 创建数据库 Text_Access.mdb。选择"文件"→"新建"命令,然后单击"空数据库",弹出"新建数据库"对话框。

③ 在"保存位置"下拉列表中选择"D:\JXGL",在"文件名"文本框中输入"Text_Access.mdb",然后单击"创建"按钮,打开 Microsoft Access 设计窗口,可以看到,数据库 Text_Access 中没有任何表对象。

④ 关闭 Microsoft Access 2003。

(2) 使用 SQL Server 导入和导出向导从 SQL Server 源数据库表导出数据至 Microsoft Access 数据库表。

① 在"对象资源管理器"中依次展开"数据库"→JXGL→"任务"→"导出数据"命令,打开"SQL Server 导入和导出向导"对话框。

② 选择数据源。单击"下一步"按钮,弹出"选择数据源"对话框,在"数据源"下拉列表中选择 SQL Server Native Client 10.0;在"服务器名称"下拉列表中输入本机的名字,例如"LiuJL-PC\LiuJL"(若是本地机也可以选择"local");选中"使用 Windows 身份验证"单选按钮;在"数据库"下拉列表中选择 JXGL。然后单击"下一步"按钮,进入"选择目标"对话框。

③ 选择目标。在"目标"下拉列表中选择 Microsoft Access,在"文件名"文本框中输入"D:\JXGL\Test_Access.mdb",如图 1.13.5 所示。然后单击"下一步"按钮,进入"指定表复制或查询"对话框。

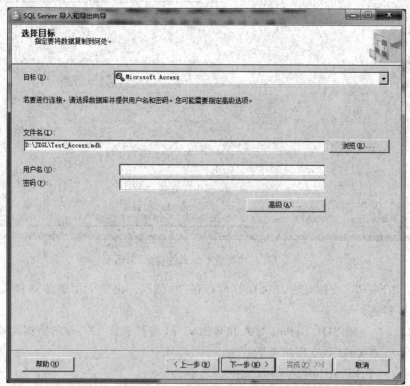

图 1.13.5 "选择目标"对话框

④ 指定导出方式。选中"编写查询以指定要传输的数据"单选按钮,单击"下一步"按钮,进入"提供源查询"对话框。

⑤ 输入查询语句。在"SQL 语句"文本框中输入下列查询语句:

SELECT S. sno, sname, cname, grade
FROM S, SC, C
WHERE S. sno = SC. sno AND SC. cno = C. cno

单击"分析"按钮,对 SQL 语句进行语法分析,如果正确,则系统显示"此 SQL 语句有效",单击"确定"按钮。然后单击"下一步"按钮,进入"选择源表和源视图"对话框。

⑥ 在"源"列中选择"查询",在"目标"列中输入导出表的名字"S_SC_C"。然后单击"下一步"按钮,进入"保存并运行包"对话框。

下面的步骤由于和实验 13.1 相同,这里不再赘述。

实验 13.4 将 Excel 表"专业信息代码表"转换成 SQL Server 2008 数据库 JXGL 的表"ZYXXB"。

① 在"对象资源管理器"中依次展开"数据库"→JXGL→"任务"→"导入数据"命令,弹出"SQL Server 导入和导出向导"对话框。

② 选择数据源。打开"选择数据源"对话框,在"数据源"下拉列表中选择 Microsoft Excel,然后在"Excel 文件路径"右边单击"浏览"按钮,添加"专业信息代码表. xls"文件的存储路径,如图 1.13.6 所示。

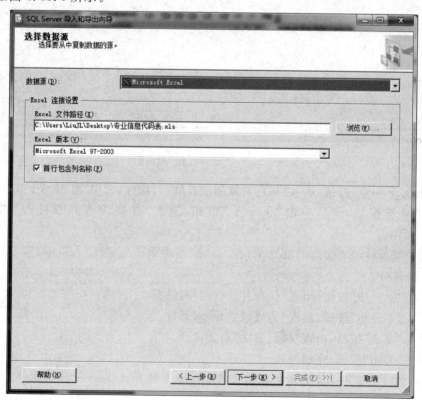

图 1.13.6 "选择数据源"对话框

数据的导入和导出

③ 单击"下一步"按钮,进入"选择目标"对话框,在"目标"下拉列表中选择 SQL Server Nation Client 10.0;在"服务器名称"文本框中输入"(local)"或"LiuJL-PC";对于"身份验证",选择"使用 Windows 身份验证";并在"数据库"文本框中输入"JXGL",如图 1.13.7 所示。

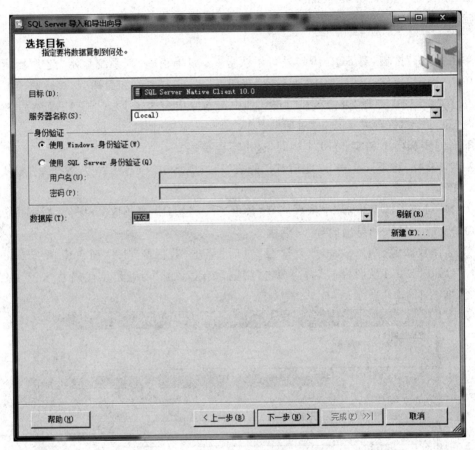

图 1.13.7 "选择目标"对话框

④ 单击"下一步"按钮,进入"指定表复制或查询"对话框,选中"复制一个或多个表或视图的数据"单选按钮,然后单击"下一步"按钮,进入"选择源表和源视图"对话框,如图 1.13.8 所示。

⑤ 选中"Sheet1 $"前面的复选框,在"目标"列中单击"[dbo].[Sheet1 $]",将其改为"[dbo].[ZYXXB]"。

⑥ 单击"下一步"按钮,出现"保存并运行包"对话框。

⑦ 单击"下一步"按钮,出现"完成该向导"对话框。

⑧ 单击"完成"按钮,出现"执行成功"对话框。

⑨ 单击"关闭"按钮,完成导入。

用类似的方法也可以将其他数据格式的文件导入到 SQL Server 数据库中。

图 1.13.8 "选择源表和源视图"对话框

四、注意事项

（1）导入数据是指从 Microsoft SQL Server 的外部数据源中检索数据，并将数据插入到 SQL Server 表的过程。

（2）导出数据是指将 SQL Server 实例中的数据转换为某些用户指定格式的数据的过程。

（3）在应用程序中，建立数据库后要执行的第一步很可能是将数据从外部数据库导入到 SQL Server 数据库，然后开始使用该数据库。

五、思考题

（1）在 Access 与 SQL Server 之间导入和导出时，数据库结构变了，默认主键、自动编号会全部自动消失吗？

（2）OPENROWSET 是 T-SQL 的命令，包含有 DB 连接的信息，它与其他导入方法有什么不同？

六、练习题

1. 针对学生管理数据库 EDUC 进行以下操作：

（1）使用 SQL Server 2008 导入和导出向导导出数据库学生信息表 Student_info 中的数据至 Microsoft Access 数据库表 Student_Access。

（2）按 SQL Server 数据表结构的形式自拟一个 TXT 格式的数据文件 S_TXT，使用 SQL Server 2008 导入和导出向导导入为 SQL Server 数据表。

2. 针对图书管理数据库 TSGL 进行以下操作：

（1）使用 SQL Server 2008 导入和导出向导，将读者信息表 readers 中的数据导出为 Microsoft Excel 文件。

（2）使用 SQL Server 2008 导入和导出向导，将图书信息表 books 中的数据导出为一个 TXT 格式的数据文件。

实验十四

VB 与 SQL Server 2008 的两种连接方式

一、实验目的

使学生了解 Visual Basic 与 SQL Server 2008 连接的两种方式,即 VB 通过 ADO 进行 SQL Server 数据库的有源数据库连接和无源数据库连接。

二、实验内容

(1) VB 和 SQL Server 2008 进行有源数据库连接。

(2) VB 和 SQL Server 2008 进行无源数据库连接。

三、实验指导

Visual Basic 作为一种面向对象的可视化编程工具,具有简单易学、灵活方便和易于扩展的特点。而且 Microsoft 为其提供了与 SQL Server 通信的 API 函数集及工具集,因此,它越来越多地用作大型公司数据和客户机—服务器应用程序的前端,与后端的 Microsoft SQL Server 相结合,VB 能够提供高性能的 C/S 方案。

VB 通过 ADO 连接 SQL Server 数据库根据是否使用了 DSN(数据源名称)可以分为有源数据库连接和无源数据库连接。

1. 有源数据库的连接

有源数据库连接的首要任务是要注册数据源名称(DSN),通过配置 ODBC 环境进行数据源的注册,然后才能在对数据库编程时对数据源进行连接、访问和操作。

ODBC(Open Database Connectivity,开放数据库互连)是 Microsoft 公司开发的一套开放数据库系统应用程序接口规范,利用它可以在应用程序中同时访问多个数据库系统。由此可见,ODBC 最大的优点是能以统一的方式处理所有的数据库。

ODBC 数据源分为用户 DSN、系统 DSN 和文件 DSN 3 种类型。

- 用户 DSN:只有创建数据源的用户才可以使用他们自己创建的数据源,而且只能在当前的计算机上使用。
- 系统 DSN:任何使用该计算机的用户和程序都可以使用的 DSN。
- 文件 DSN:除了具有系统 DSN 的功能之外,还能被其他用户在其他计算机上使用。

创建 ODBC 数据源的步骤如下:

① 依次单击"开始"→"设置"→"控制面板",打开控制面板。

② 双击"管理工具",打开"管理工具"窗口,然后双击"数据源(ODBC)",打开 ODBC 数

据源管理器，切换到"系统 DSN"选项卡，如图 1.14.1 所示。

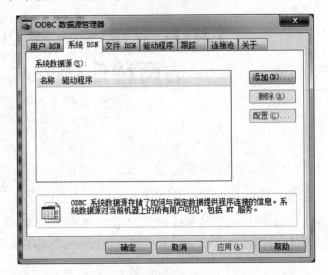

图 1.14.1　ODBC 数据源管理器

③ 单击"添加"按钮，弹出"创建新数据源"对话框，选择 SQL Server 选项，如图 1.14.2 所示。

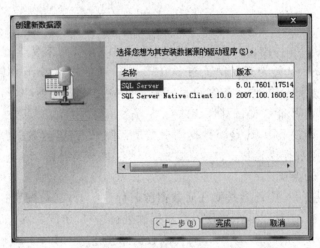

图 1.14.2　"创建新数据源"对话框

④ 单击"完成"按钮，弹出"创建到 SQL Server 的新数据源"对话框，在"名称"文本框中输入数据源名，例如"JXGL"，在"服务器"下拉列表中选择（或直接输入）要连接的 SQL Server 服务器，如图 1.14.3 所示。

⑤ 单击"下一步"按钮，在弹出的对话框中选中"使用网络登录 ID 的 Windows NT 验证"单选按钮，如图 1.14.4 所示。

⑥ 单击"下一步"按钮，在弹出的对话框中选择数据库 JXGL，如图 1.14.5 所示。

⑦ 单击"下一步"按钮，会弹出设置语言等参数的对话框，这里采用默认，如图 1.14.6 所示。

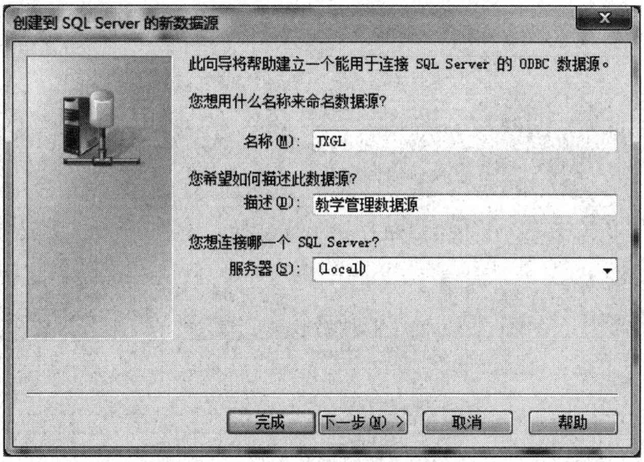

图 1.14.3　为数据源命名

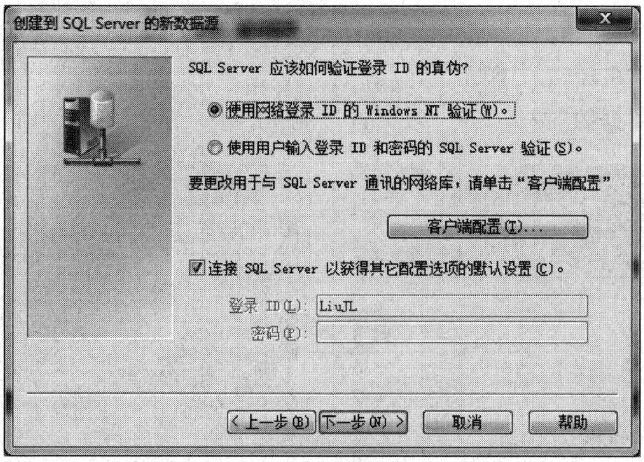

图 1.14.4　SQL Server 登录模式的设置

图 1.14.5　选择数据库

VB 与 SQL Server 2008 的两种连接方式

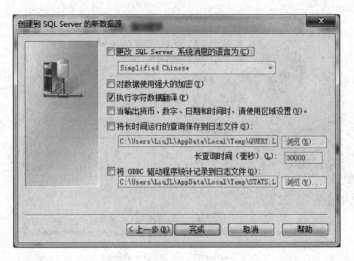

图 1.14.6 设置语言等参数的对话框

⑧ 单击"完成"按钮,弹出"ODBC Microsoft SQL Server 安装"对话框,显示 ODBC 数据源的描述信息,如图 1.14.7 所示。

⑨ 单击"测试数据源"按钮,进行数据连接测试,测试结果如图 1.14.8 所示。

图 1.14.7 ODBC 数据源的描述信息   图 1.14.8 测试结果

⑩ 单击"确定"按钮,成功地创建了 DSN 连接。接下来,就可以在应用程序中使用 DSN 进行数据库的连接了。

创建数据源是进行有源数据库连接的第一步,下面运用 ADO 对象模型的主要元素 Connection 进行源数据库的连接。

(1) 使用 Windows NT 验证登录数据库,语句格式如下:

```
Provider = SQLNCLI10.1;Integrated Security = SSPI;Persist Security Info = False;User ID = "";
Initial Catalog = JXGL;Data Source = (local)"
```

- Provider:SQL Server 2008 提供的本地客户端的驱动程序。

- Integrated Security：身份验证方式，当为 False 时，将在连接中指定用户 ID 和密码。当为 True 时，将使用当前的 Windows 账户凭据进行身份验证。该参数可识别的值为 True、False、Yes、No，以及与 True 等效的 SSPI。
- Persist Security Info：表示是否保存安全信息，即 ADO 在数据库连接成功后是否保存密码信息。
- Data Source：该参数设置的是系统的后台数据库服务器，如果使用的是本地数据库，则可以写为"Data Source＝(local)"，如果使用其他计算机中的数据库，则等号后面填写要连接的主机的 IP。
- User ID：为连接数据库验证用户名，设置方式为"User ID＝用户名"。
- Initial Catalog：用于指定使用的数据库名称。需要指出的是，在连接字符串中所用的登录信息要对该参数设置的数据库下面的相应数据表具有操作权限。

(2) 使用 SQL Server 用户登录数据库，语句格式如下：

```
ConnectionString = "DSN =<数据源名字>; UID =<用户账户>;PWD =<密码>; Database =<数据库名>"
```

ConnectionString 是 Connection 对象的属性名称，提供了数据提供者或服务提供者打开到数据源的连接所需要的特定信息，包括 Database、DSN、UID 等。

实验 14.1 以建立查询系统为例，利用已配置好的 ODBC 数据源进行数据库连接。

ODBC 数据源名称为 JXGL，通过 ADO 与数据库 JXGL 进行连接，在引用数据库之前，首先在"工程"→"部件"下选择 Microsoft ADO Data Control 6.0，并在窗体上添加 ADODB 控件，输入以下代码：

```
Private Sub Command1_Click()
Dim conn As ADODB.Connection
Set conn = New ADODB.Connection
Set rs = New ADODB.Recordset
conn.ConnectionString = " Provider = SQLNCLI10.1; Data Source = (local);DSN = JXGL; UID =
LiuJL;PWD = 123456; Database = JXGL"
conn.Open
If conn.State = 1 Then
    Label1.Caption = "数据库连接成功!"
Else
    Label1.Caption = "数据库连接不成功!"
End If
End Sub
```

运行结果如图 1.14.9 所示。

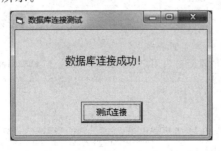

图 1.14.9　实验 14.1 的运行结果

对于有源数据库连接,首先要配置 ODBC 环境,注册数据源。这种方法有一定的局限性,当程序最终完成并分发到用户手中后,还需要为用户配置 ODBC,而且由于参数内容不一,配置时不宜把握。

2. 无源数据库的连接

无源数据库连接不需要配置 ODBC 数据源,直接利用 ADO 即可通过代码进行连接。在 Visual Basic 6.0 中,数据访问接口有:ActiveX 数据对象(ADO)、远程数据对象(RDO)和数据访问对象(DAO)3 种。这 3 种接口分别代表相应技术的不同发展阶段,最新的接口是 ADO,它比 RDO 和 DAO 更加简单、更加灵活。

ADO 是用 Microsoft 数据库应用程序开发的接口,是建立在 OLE DB 之上的高层数据库访问技术。它封装了 OLE DB 所提供的接口,较 OLE DB 提供者而言,ADO 接口可以使程序员在更高级别上进行数据交互。ADO 技术可以用统一的方法对不同的文件系统进行访问,大大简化了程序编制,增加了程序的可移植性。

在连接数据库之前,首先要在 Visual Basic 6.0 的"工程"→"引用"中选择 Microsoft ActiveX Data Objects 2.6 Library 和 Microsoft ActiveX Data Objects Recordset 2.8 Library 两个组件。

运用 ADO 对象模型的主要元素 Connection 的 ConnectionString 属性进行连接,ConnectionString 为可读/写 string 类型,用于指定一个连接字符串,通知 ADO 如何连接数据库。

实验 14.2 以建立一个简单的教学管理系统登录界面为例,介绍无源数据库的连接。

在 Microsoft SQL Server 2008 中建立一个名为 JXGL 的数据库,然后在 JXGL 数据库中建立名为 login_user 的数据表,Microsoft SQL Server 服务器的名为"(local)"。

"登录"按钮的代码如下:

```
Private Sub cmdOK_Click()
Set conn = New ADODB.Connection
Set rs = New ADODB.Recordset
'建立无源数据库连接
conn.ConnectionString = "driver = {sql server}; server = (local); UID = LiuJL; PWD = 123456;
Database = JXGL"
conn.ConnectionTimeout = 50
conn.Open
Dim str As String
'连接连接对象
Set rs.ActiveConnection = conn
'设置游标类型
rs.CursorType = adOpenDynamic
If Trim(txtUserName.Text = "") Then
MsgBox "用户名不能为空,请重新输入用户名!", vbOKOnly + vbExclamation, "警告"
txtUserName.SetFocus
Else
'设置查询字符串
str = "select * from login_user where Uname = '" & Trim(txtUserName.Text) & "'"
rs.Open str
If rs.EOF = True Then
```

```
MsgBox "没有这个用户,请重新输入用户名!", vbOKOnly + vbExclamation, "警告"
txtUserName.SetFocus
Else
'登录成功,连接主窗口
If (Trim(txtPassword.Text) = Trim(rs.Fields("Upsw"))) Then
LoginSucceeded = True
Me.Hide
main.Show
Else
MsgBox "密码不正确,请重输入密码!", , "警告"
txtPassword.SetFocus
SendKeys "{Home} + {End}"
End If
End If
End If
End Sub
```

"退出"按钮的代码如下:

```
Private Sub Command2_Click()
    Me.Hide
    End
End Sub
```

运行登录界面如图 1.14.10 所示。

图 1.14.10　登录界面

无源数据库连接不用配置 ODBC 环境,可以省去手工设置 DSN 的麻烦,用这种方法编写的软件适应性广,又符合专业软件的要求。

四、注意事项

(1) ADO 封装并且实现了 Microsoft 强大的数据访问接口 OLE DB 的所有功能,具有通用性好、效率高的特点。

(2) 通过 ADO 进行无源数据库连接,省去了手工设置 DSN 的麻烦,使 ADO 对象模型获得了更大的灵活性。

五、思考题

(1) ADO 对象包括 command 对象、connection 对象、recordset 对象、error 对象、field

对象、parameter 对象和 property 对象,其中,connection 对象用来管理与数据库的连接,其他对象的功能是什么?

（2）VB 和 SQL Server 2008 有源连接和无源连接的主要差异有哪些?

六、练习题

创建 Visual Basic 6.0 和 SQL Server 2008 数据库连接的实例。

实验十五 ASP 与 SQL Server 2008 的连接

一、实验目的

使学生掌握 ASP 与 SQL Server 连接的两种方法,为进一步利用 ASP 进行数据库的访问打下基础。

二、实验内容

(1) 使用 ODBC 实现与数据库的连接。

(2) 使用 ADO 控件实现与数据库的连接。

三、实验指导

1. 使用 ODBC 实现与数据库的连接

下面以 Windows XP 操作系统为基础介绍如何建立 ODBC 的连接,如何创建 ASP 程序使用的 DSN。

(1) ODBC 数据源的创建。

为数据库 JXGL 创建数据源 DATA-JXGL 的步骤如下:

① 单击"开始"→"设置"→"控制面板",打开控制面板。

② 双击"管理工具",打开"管理工具"窗口,然后双击"数据源(ODBC)"选项,打开 ODBC 数据源管理器,并切换到"系统 DSN"选项卡,如图 1.15.1 所示。

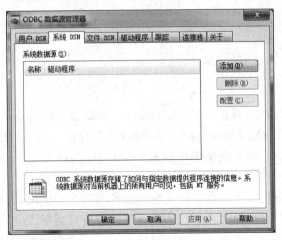

图 1.15.1　ODBC 数据源管理器

③ 单击"添加"按钮，弹出"创建新数据源"对话框，选择 SQL Server 选项，如图 1.15.2 所示。

图 1.15.2 "创建新数据源"对话框

④ 单击"完成"按钮，弹出"创建到 SQL Server 的新数据源"对话框，在"名称"文本框中输入数据源名，例如"DATA-JXGL"，在"服务器"下拉列表中选择要连接的 SQL Server 服务器，例如"LiuJL-PC\LiuJL"，如图 1.15.3 所示。

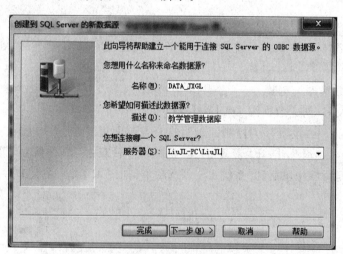

图 1.15.3 为数据库命名

⑤ 单击"下一步"按钮，弹出设置 SQL Server 验证模式的对话框，这里选中"使用用户输入登录 ID 和密码的 SQL Server 验证"单选按钮，并且在下面填写登录 ID 与密码。注意，一定要是在 SQL Server 2008 数据库中设置的用户信息，这里是 LiuJL，密码是 123456，如图 1.15.4 所示。

⑥ 单击"下一步"按钮，弹出设置默认数据库等参数的对话框，这里采用默认。

⑦ 单击"下一步"按钮，弹出设置默认语言等参数的对话框，这里也采用默认。

⑧ 单击"完成"按钮，会弹出一个对话框显示 ODBC 数据源的描述信息，最好单击"测试

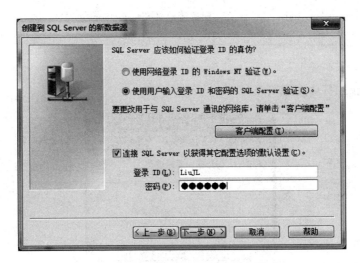

图 1.15.4　设置 SQL Server 验证模式

数据源"按钮,进行数据连接测试。

⑨ 单击"确定"按钮,就成功地创建了 DSN 连接。

(2) 使用 ODBC 数据源连接 SQL Server 2008 数据库。

现在,网络程序一般都使用代码直接连接,用代码直接连接数据库比较简单,代码如下:

```
<%
    set OBJConn = Server.CreateObject("ADODB.Connection")
        /* 定义 Connection 对象 */
    OBJConn.open "DSN = 数据源名;UID = 登录名;PWD = 密码";
%>
```

例如,"学生选课"数据库的数据源名为 XSXK,登录名为 sa,密码为 123456,使用 ODBC 数据源连接该数据库。

```
<HTML>
<HEAD>
<TITLE>

使用 ODBC 数据源连接数据库。

</TITLE>
</HEAD>
<BODY>
<%
    Set OBJConn = Server.Createobject("ADDODB.Connection")
    OBJConn.open "DSN = XSXK;UID = sa; PWD = 123456;"
    If OBJConn.State = 1 Then
      /* 若账号或密码错误,OBJConn 变量的状态值将返回 0,正常连接时,状态值将返回 1 */
        Response.Write "OBJConn 与数据库连接成功"
        OBJConn.Close
    Else
        Response.Write "OBJConn 与数据库连接失败"
    End If
```

```
        Set OBJConn = Nothing              / * 释放所定义变量 OBJConn * /
    % >
    </BODY >
    </HYML >
```

执行结果如图 1.15.5 所示。

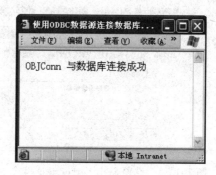

图 1.15.5　ODBC 与数据库连接成功的执行结果

2. 使用 ADO 实现与数据库的连接

直接使用 ADO 与 SQL Server 2008 数据库进行连接,其中最关键的是连接字符串,即 "Driver＝{SQL Server}；SERVER＝服务器 IP 或名字；UID＝账号；PWD＝密码；Database＝数据库名称"。

例如,数据库名为"学生选课"、服务器名为 HY-PC\SERVER、账号为 sa、密码为 123456,使用 ADO 对象连接数据库的代码如下:

```
< HTML >
< HEAD >
< META http-equiv = "Content-Type" content = "text/html; charset =
gb2312" />
< TITLE >使用 ADO 对象连接数据库</TITLE >
</HEAD >
< BODY >
< %
    Dim ADOConn
    Dim ConnStr
    Set ADOConn = Server.CreateObject("ADODB.Connection")
    ConnStr = "DRIVER = {SQL Server};SERVER = HY-PC\SREVER;
        UID = sa;PWD = 123456;Database = JXGL"
    ADOConn.Open ConnStr
    If ADOConn.State = 1 Then
        Response.Write "ADOConn 与数据库连接成功!"
        ADOConn.Close
    Else
        Response.Write "ADOConn 与数据库连接失败!"
    End If
    Set ADOConn = Nothing
% >
</BODY >
</HTML >
```

该程序的执行结果如图 1.15.6 所示。

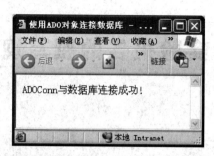

图 1.15.6　ADO 与数据库连接成功的执行结果

四、注意事项

（1）ASP 是一种服务器端脚本编写环境，可以用来创建和运行动态网页及 Web 应用程序。

（2）在 Windows 2008 和 Windows XP 下需要安装 IIS，并在 IIS 中新建一个虚拟目录，这样就可以运行 ASP 了。

五、思考题

（1）怎样在操作系统中安装和配置 Internet 信息服务器（IIS）？

（2）是否可以在本地计算机上建立若干个 DSN，且每个 DSN 对应使用不同的数据库？

六、练习题

1. 使用 ASP 连接学生管理数据库 EDUC。
2. 使用 ASP 连接图书管理数据库 TSGL。

附录 A　实验报告的撰写规范和模板

一、什么是实验报告

　　把实验的目的、方法、过程和结果等记录下来，经过整理，写成的书面汇报，称为实验报告。写实验报告是培养和提高学生文字表达能力及综合分析问题能力的重要训练方法。

　　实验报告必须在科学实验的基础上进行。它的书写要求结构完整、条理分明、文字简练、书写工整，措词、推理符合科学性、逻辑性。其主要用于帮助实验者不断地积累研究资料，总结研究成果。因此，写实验报告是一件非常严肃、认真的工作，不允许草率、马虎，哪怕是一个小数点、一个细微的变化，都不能忽视。

二、计算机实验报告包括的内容

　　(1) 实验名称：一定要按照实验大纲或老师给定的题目准确书写。

　　(2) 实验时间：上机做实验的日期，不是写实验报告的日期，必须准确。

　　(3) 实验目的：按照实验大纲或实验教材书写，如果实验教材的目的和实验大纲的不完全一样，要按照实验大纲的目的书写。

　　(4) 实验设备：包括实验房间地点、计算机号、计算机硬件配置和计算机软件配置。其中，计算机硬件配置包括 CPU、内存、硬盘、网络、光驱等，计算机软件配置包括操作系统、应用软件等。

　　(5) 实验内容：这是最主要的部分，要按照操作顺序书写。

　　先写出操作单元的小标题，然后再写这一单元上机实验如何进行操作，启动了哪个程序，执行了哪个菜单、按钮、命令，输入了哪些命令、程序、数据，计算机的输出（屏幕显示）是什么，并对输出结果进行分析。

　　注意：不要仅写执行的程序、函数、语句有什么功能，这些理论性的内容要少一些，要多写实验时向计算机输入了什么，计算机输出了什么。如果计算机运行出错，要分析出错的原因，说明是设计的错误还是运行环境的错误，如何修正。有时为便于说明问题，还需要附制图表。

　　(6) 总结与体会：写实验者对整个实验的评价或体会，与预期的结果是否相符，有什么新的发现和不同见解、建议等。

三、实习报告格式的基本要求

　　要求观点明确、论据翔实、条理清楚、文字简练、格式规范，具有鲜明的针对性和创新性，正文字数一般不少于 2000 字。

格式的基本要求：

（1）标题（三号、黑体、加粗）应准确、简洁，能概括文章的要旨，一般不超过 20 个汉字，必要时可加副标题。标题中应避免使用非公知公用的缩略语、字符、代号，以及结构式和公式。

（2）正文的层次标题应简短明了，不要超过 15 个汉字，不要用标点符号，文内层次的划分及编号一律使用"一、1.1,（1),①"。一级标题用四号、黑体（段前、段后各 1 行），二级标题用四号、楷体、加粗（段前、段后各 0.5 行），以下层次的所有标题用小四、宋体。

（3）正文用宋体、小四号，1.5 倍行间距，左、右页边距自动。

另外，表格应采用三线表，可适当加注辅助线。表标题位于表格上方居中，表序号按实验编号。表标题及表中字符用宋体、五号字，段前 0.5 行。

插图（含照片）应采用计算机制作，插图下方应注明图序和图名。照片要主题鲜明、层次清晰、反差合适、剪裁恰当。插图标题位于图（含照片）的下方居中，图序号按实验编号。图标题及表中字符用宋体、五号字，段后 0.5 行。

四、实习报告格式模板

实验×××实验报告

姓　　名		学　　号		专　业	
课程名称		同组学生姓名			
实验时间	yyyy-mm-dd	实验地点		指导老师	

（一）实验目的和要求

简要介绍本次实验的目的和要求。

（二）实验内容

简要介绍本实验的内容。

（三）实验步骤

详细说明实验步骤和实验原理，必要时应有图片、表格等。如果内容比较多，可以分节描述，小节的格式如下：

X.1　标题

＜正文＞

X.2　标题

＜正文＞

该部分要详细写出算法设计思想与算法实现步骤、程序核心代码，以及程序调试过程中出现的问题及相应解决方法。

在计算机上进行的编程、仿真性或模拟性实验需要对上机实践结果进行分析，并且对实验过程中出现的问题进行讨论。

截图时注意把重点信息体现出来，图片中不要把无关的部分（如任务栏等）包括进来，注意图片的可读性和清晰度。

图片和表格的格式要求规范如下：

图 A.1 和图 A.2 分别显示了实验 X.1 的输出结果和消息提示，表 A.1 为选课表 SC 的结构。

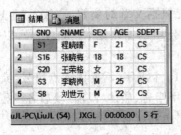
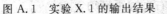

图 A.1　实验 X.1 的输出结果

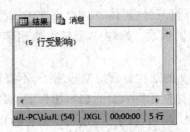

图 A.2　实验 X.1 的消息提示

表 A.1　选课表 SC 结构

列	描述	数据类型	允许空值	说明
sno	学号	char(8)	NO	主键（同时是外键）
cno	课程号	char(4)	NO	主键（同时是外键）
grade	成绩	Float	YES	

（四）总结与体会

简要地总结和叙述实验过程中的感受，以及其他的问题描述和自己的想法、改进、建议等。

第二部分

课程设计指导

第1章　课程设计概述及规范

课程设计是课程教学中的一项重要内容，是完成教学计划、达到教学目标的重要环节，是教学计划中综合性较强的实践性教学环节，它对帮助学生全面、牢固地掌握课堂教学内容、培养学生的实践和实际动手能力、提高学生的综合素质具有很重要的意义。在数据库原理及应用课程设计中，学生除了需要掌握数据库设计的理论以外，还需要结合已经学过的高级语言程序设计或自己学习的相关软件开发工具，把理论知识和实践相结合，完成数据库的课程设计。

1.1　课程设计的意义和目的

"数据库原理及应用"课程设计是"数据库原理及应用"课程的一个重要的实践性教学环节。

1.1.1　课程设计的意义

课程设计的意义是让学生将课堂上学到的理论知识和实际应用结合起来，培养学生的分析与解决实际问题的能力，使他们掌握数据库的设计方法及数据库的运用和开发技术，主要体现在以下几个方面：

（1）进一步巩固和加深数据库系统的理论知识，培养学生具有 C/S 或 B/S 模式的数据库应用系统的设计和开发能力，熟练掌握 SQL Server 2008 数据库和使用高级程序设计语言开发数据库。

（2）综合运用高级程序设计语言 PowerBuilder、Visual Basic 6.0、Visual C♯ 等进行 C/S 模式的管理信息系统的开发与设计，或综合运用 ASP、ASP. NET 脚本语言和"软件工程"理论进行 B/S 模式项目的设计与开发。

（3）学习程序设计开发的一般方法，了解和掌握信息系统项目开发的过程及方式，培养正确的设计思想和分析问题、解决问题的能力，特别是项目设计能力。

（4）通过对标准化、规范化文档的掌握并查阅有关技术资料等，培养项目设计开发能力，同时提倡团队精神。

（5）通过"数据库原理及应用"课程设计，使学生进一步学习和练习 SQL Server 数据库的实际应用，熟练掌握数据库系统的理论知识，加深对 SQL Server 数据库知识的学习和理解，掌握使用应用软件开发工具开发数据库管理系统的基本方法，积累在实际工程应用中运用各种数据库对象的经验。

学生设计一些具有实际应用价值的课程设计题目，在教师的指导下，学生能够熟悉数据库设计的步骤,从用户需求分析出发,进行系统的概要设计和课题的总体设计,为具体数据库的设计打下前期基础。学生通过实际的应用,可以更好地理解和掌握数据库理论知识,通过对高级程序设计语言的使用,可以了解编程知识和编程技巧,同时掌握用高级程序设计语言访问数据库的方法。

1.1.2 课程设计的目的

课程设计的目的是使学生熟练掌握相关数据库的基础知识,独立完成各个环节的设计任务,最后完成课程设计报告,主要体现在以下几个方面:

(1)巩固和加深学生对数据库原理及应用课程基本知识的理解,综合该课程中所学到的理论知识,独立或联合完成一个数据库系统应用课题的设计。

(2)根据课题需要,通过查阅手册和文献资料,培养学生独立分析和解决实际问题的能力。

(3)掌握大型数据库管理系统 SQL Server 2008 的安装、使用和维护。

(4)利用程序设计语言 PowerBuilder、Visual Basic 6.0、Visual C♯或其他高级语言,在学习配套教材的基础上,使用 ASP 和 ASP. NET 等脚本语言编写访问 Web 数据库的应用程序。

(5)设计和开发一个小型的信息管理系统。

(6)进行模块、整体的测试和调试。

(7)学会撰写课程设计报告,能做出简单、通畅的答辩。

(8)培养严肃认真的工作作风和严谨求实的科学态度。

1.2 课程设计的步骤

课程设计是针对某一门课程或某几门课程的教学要求,对学生进行综合性训练,培养学生综合运用课程中所学专业理论知识独立解决实际问题的能力。课程设计过程可以用图 2.1.1 表示。

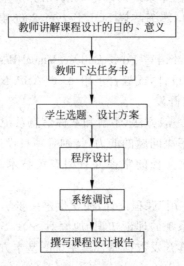

图 2.1.1 课程设计过程

"数据库原理及应用"课程设计应在指导教师的帮助下完成,具体步骤如下。

1. 选题

选题可分为指导教师选题和学生自己选题两种。教师选题可选择统一的题目,以课程设计任务书的形式下达,学生选题则应在指导教师批准后进行。

(1)选题内容。选题要符合本课程的教学要求,要注意选题的完整性,要能进行分析建模、设计、编程、复审、测试等一系列工作,并能以规范的文档形式表现出来。

(2)选题要求。

① 注意选题内容的先进性、综合性、实践性,应适合实践教学和启发创新,选题内容不应过于简单,难度要适中。

② 结合企业及行政事业单位应用的实际情况进行选题。

③ 题目成果应具有相对完整的功能。

2. 拟出具体的设计方案

学生应在指导教师的指导下进行项目的总体方案论证,并根据自己所接受的设计题目设计出具体的实施方案,报指导教师批准后开始实施。

3. 程序的设计与调试

学生在指导教师的指导下完成所接受题目的项目开发工作,然后编程、上机调试,最后得出预期的成果。

4. 撰写课程设计报告

课程设计报告是课程设计工作的整理和总结,主要包括需求分析、总体设计、详细设计、复审、编码、测试等部分。

1.3 课程设计规范

课程设计是培养学生综合运用该门课程所学的基本理论和技术知识,在教师指导下进行设计训练的实践性教学环节。学生通过课程设计,基本了解和掌握简单项目设计的全过程,不断提高分析和解决实际问题的能力,为毕业设计打下良好的基础,因此,要对课程设计的各个环节提出规范性要求。

1.3.1 课程设计任务书的撰写规范

课程设计任务书由指导教师填写并经审议后按组下达给学生,每组一份,应包括以下内容:

- 目的及要求;
- 主要内容;
- 实验环境;
- 设计方式与基本要求;
- 设计成果与设计报告要求;
- 课程设计选题表;
- 设计参考书目等。

例 2.1.1 课程设计任务书举例。

"数据库原理及应用"课程设计任务书

××-××学年第二学期 ××××专业

一、课程设计的目的及基本要求

"数据库原理及应用"课程设计是为"数据库原理及应用"课程独立开设的实践性课程。"数据库原理及应用"课程设计对于巩固学生的数据库知识,加强学生的实际动手能力和提高学生的综合素质十分必要。本课程分为系统分析与数据库设计、应用程序设计和系统集成调试 3 个阶段进行。

数据库课程设计的主要目标如下:

(1) 加深学生对数据库系统、程序设计语言的理论知识的理解和应用水平。

(2) 通过设计实际的数据库系统应用课题,使学生进一步熟悉数据库管理系统的操作技术,并提高动手能力以及分析问题、解决问题的能力。

二、课程设计的主要内容

(1) 系统分析与数据库设计阶段。

① 通过社会调查,选择一个实际应用数据库系统的课题。

② 进行系统需求分析和系统设计,写出系统分析和设计报告。

③ 设计数据模型并进行优化,确定数据库结构、功能结构、系统安全性和完整性要求。

(2) 应用程序设计阶段。

① 完成数据库定义工作,实现系统数据的数据处理和数据输入。

② 实现应用程序的设计、编程、优化功能,以及数据安全性、数据完整性和并发控制技术等,并针对具体课题问题提出解决方法。

(3) 系统集成调试阶段:对系统的各个应用程序进行集成和调试,进一步优化系统性能,改善系统用户界面。

三、实验环境

(1) 操作系统为 Windows XP。

(2) 数据库管理系统为 SQL Server 2008 标准版或企业版。

(3) 高级程序设计语言为 PowerBuilder、Visual Basic 6.0、Visual C#等。

四、设计方式与基本要求

(1) 设计任务的布置:由指导教师向学生讲清设计的整体要求及实现的目标任务,讲清设计安排和进度,以及平时考核的内容、考核办法、设计守则和实验室安全制度,讲清上机操作的基本方法。实验内容和进度由学生自行选择和安排,指导教师负责检查、辅导和督促。

(2) 1~3 人为一组,设计课题由学生自己拟定并报指导教师批准或在附表的选题表中选择一个课题。在规定的时间内,设计课题由学生独立完成,当出现问题时,教师要引导学生独立分析、解决问题,不得包办代替。

(3) 课程设计是一个整体,需要有延续性。机房应有安全措施,避免前面的实验数据、程序和环境被清除、改动或盗用的事件发生。

(4) 指导教师要认真做好指导工作,并做好考勤工作。

（5）学生最好能自备计算机，这样在课下能多做练习，以更加熟悉和精通实验方法。如果学生能结合实际课题进行训练，会达到更好的效果。

五、考核与课程设计报告

"数据库原理及应用"课程设计报告要求有系统需求分析与系统设计、系统数据模块和数据库结构、系统功能结构，以及系统的数据库设计方法和程序设计方法、源程序代码等内容。对于其课程设计应用系统程序，学生应独立完成，且程序功能完整、设计方法合理、用户界面友好、系统运行正常。

（1）课程设计报告要求。

① 不少于5000字，用A4纸打印。

② 主要内容及装订顺序：封面（统一提供）、课程设计任务书、摘要、目录、正文、参考文献、教师评语表等。

③ 正文部分应该包括需求分析、总体设计、数据库设计（含概念设计、逻辑设计、物理设计）、程序模块设计（含功能需求、用户界面设计、程序代码设计与分析、调试及运行结果）、主要模块界面和代码等。

④ 设计报告严禁抄袭，即使是同一小组也不允许雷同，否则按不及格论。

（2）课程设计需要提交的内容。

① 装订完整的课程设计报告。

② 数据库与应用系统（数据库不用提交，源程序提交到指导教师相应的STU文件夹下）。

（3）课程设计的成绩评定：课程设计的成绩由平时考核与最终考核相结合，平时占10%（出勤、学习笔记、表现等）；其他占90%（设计报告30%、数据库应用系统30%、答辩30%）。成绩计分按优、良、中、及格和不及格5级评定。

六、课程设计的实验项目设置与内容

下表列出了"数据库原理及应用"课程设计的实验项目与内容。

实验项目与内容

序号	设计内容	内容	时间（天）	要求
1	系统需求分析与功能设计	根据课题的要求进行简单的需求分析，设计相应的数据流图，得出相应的系统功能需要	0.5	系统数据流图
2	总体设计	根据功能需求，设计系统的总体结构	0.5	系统总体功能模块图 菜单的设计
3	数据库设计	完成数据库的概念设计、逻辑设计，按数据库设计方法和规范化理论得出符合3NF的逻辑模型	2	E-R图设计 E-R图转化为相应的关系模式 设计数据库的逻辑模型（以表格） 在计算机上完成数据库的物理设计
4	应用程序设计和程序调试	设计并编写输入/输出、查询/统计、数据维护等功能模块的应用程序	1.5	每人设计两个以上的模块，一个组完成一个完整的系统

续表

序号	设计内容	内容	时间(天)	要求
5	设计报告与成果提交	撰写设计报告并提交相应的资料与成果	0.5	按以上要求

七、指导教师

××× ×××

八、上机安排(详见机房的上机安排表)

附表：课程设计课题选题表(具体要求可参见实验指导书)

课题序号	课题名称
1	图书销售管理系统
2	通用工资管理系统
3	报刊订阅管理系统
4	医药销售管理系统
5	电话计费管理系统
6	宾馆客房管理系统
7	学生学籍管理系统
8	车站售票管理系统
9	汽车销售管理系统
10	仓储物资管理系统
11	企业人事管理系统
12	选修课程管理系统

×××学院

20××-××-××

1.3.2 课程设计报告的撰写规范

课程设计报告的撰写规范应参照 CMM 模型(Capability Maturity Model for Software，能力成熟度模型)编写，最终以课程设计报告的形式上交归档。

课程设计报告是在完成应用系统设计、编程、调试后，对学生归纳技术文档、撰写科学技术论文能力的训练，以培养学生严谨的作风和科学的态度。通过撰写课程设计报告，不仅可以把分析、设计、安装、调试及技术参考等内容进行全面总结，还可以把实践内容提升到理论高度。

1. 内容要求

一份完整的课程设计报告应由题目、摘要、设计任务书、目录、素材准备、选题意义、需求分析、总体设计和数据库设计(包含概念设计、逻辑设计和物理设计)、脚本及制作、结论、参考文献等部分组成，中文字数在 5000 字左右。课程设计报告按以下内容和顺序用 A4 纸进行打印(撰写)，并装订成册。

（1）统一的封面。封面含课程设计的课题名称、专业、班级、姓名、学号、指导教师等。

例 2.1.2　课程设计报告封面举例。课程设计报告封面为 A4 纸张,如图 2.1.2 所示。

×××学院
（字体:宋体;字号:一号）
数据库原理及应用
课程设计报告
（字体:华文行楷;字号:初号）

课题名称:
专业:
班级:
姓名:
学号:
指导老师:

×××年××月××日
（A4 纸;字体:楷体_GB2312;字号:三号）

图 2.1.2　课程设计报告封面设计

（2）课程设计任务及进度表。学生根据指导教师提供的任务书,选择课程设计题目或自选题目,设计本次课程设计的任务及进度表,主要包含课程名称、设计目的、实验环境、任务要求和工作进度计划。填写好后交给指导教师,批准签字后方可实施。

例 2.1.3　课程设计任务及进度表举例。课程设计任务及进度表为 A4 纸张,如图 2.1.3 所示。

（3）内容摘要。内容摘要是对课程设计报告的总结,是在报告全文完成之后提炼出来的,具有短、精、完整三大特点。摘要应具有独立的自含性,即不阅读原文的全文,就能获得必要的信息。摘要中有数据、有结论,是一篇完整的短文。课程设计的摘要一般在 $300 \sim 500$ 字之间。摘要的内容应包括目的、方法、结果和结论,即包含设计的主要内容、主要方法和主要创新点。英文摘要的内容应与中文内容相对应,一般采用第三人称和被动式,摘要中不应出现本文、我们、作者之类的词语。中文摘要前要加"摘要:",英文摘要前要加"Abstract:"。

关键词按 GB/T3860 文献叙词标引规则的原则和方法选取,一般选 $3 \sim 8$ 个关键词,关键词之间用";"分隔,最后一个关键词的后面不加任何标点符号。中文关键词前加"关键词:",英文关键词前加"key word:"。中、英文关键词一一对应。

课程设计任务及进度表

课题名称	酒店管理系统	
设计目的	通过对酒店管理系统的设计和开发,了解数据库的设计与开发的全过程,达到巩固数据库理论知识、锻炼实践能力和构建合理知识结构的目的	
实验环境	操作系统：Windows XP； 数据库管理系统：SQL Server 2008； 编程环境：Java Swing	
任务要求	1. 搜集酒店管理问题方面的资料,进行需求分析； 2. 完成概念设计、逻辑设计等各阶段的设计； 3. 编写程序代码,进行系统调试； 4. 撰写课程设计报告； 5. 参加答辩	
工作进度计划		
序号	起 止 日 期	工 作 内 容
1	××××.××.××—××××.××.××	查询资料、选择课题
2	××××.××.××—××××.××.××	需求分析、总体设计
3	××××.××.××—××××.××.××	系统整体设计、编写程序代码、调试程序
4	××××.××.××—××××.××.××	撰写课程设计报告

指导教师(签章)：　　　　　　　　　　　　　　　　　　　　　_____年_____月_____日

图 2.1.3　课程设计任务及进度表设计

例 2.1.4　课程设计摘要举例。

酒店管理系统

【摘要】　设计报告论述了分析、开发、设计一个酒店管理系统的过程。该系统融入酒店科学、规范的现代管理思想,为提高各业务部门本身的工作效率,自动完成各业务部门之间的各种营业信息、账务、报表的自动化传输与汇总,使各项业务工作制度化、科学化,并结合先进的计算机技术,采用 Java Swing＋SQL Server 2008 开发而成。

设计报告介绍了课题相关内容,并通过设计分析划分数据库,将系统划分为 4 个主要功能模块,即前台管理、系统维护、经理查询、宾客系统。设计报告着重叙述了前台管理和系统维护两个功能模块的功能实现,这些模块基本上满足了用户(酒店)在客房管理、餐饮管理等方面的需求,例如对客房、员工的设置修改,相关的顾客服务等。该系统中的各业务管理模块既可单机独立运行,也可在服务器/工作站组成的局域网络平台上联网运行,并可随着酒店业务的发展进行扩展升级。

关键词：面向对象；数据窗口；酒店管理系统；模块

【Abstract】This text discusses the procedure of analysis , developing , designing a hotel MIS. The system combined the though of scientific and module management. You can improve the efficiency of each department as well as the sum the messages ,debt, and forms convened among the different departments. It can also systemize, scientific each operation. Go with the advanced technology of computer, and developing with the adopting of Java Swing+SQL Server 2008.

This text introduced the related contents of topic, and pass the design analysis, dividing the line the database, dividing the line system as four main function mold pieces: The stage management, system maintenance, manager search, guest system. Emphasized to describe the stage management and systems to support the function realization of these two functions mold piece, these molds piece satisfies the customer(hotel) to manage in the guest room basically, the dining manages the need of etc.. Such as to the constitution modification of the guest room, employee, the related customer service etc.. Each business in the system management mold piece since can the single machine circulate independently, also can the area network terrace of the bureau constitute in the server/ work station up the internet circulate. Can carry on expanding the upgrade to the system along with the development of the cabaret business.

Key words: Object-Oriented; Data window; Hotel Management System; Mold

(4) 目录。目录包括课程设计报告的一、二、三级标题和标题的内容,以及各级标题所对应的页码。

(5) 课程设计报告正文。课程设计报告正文可按三级标题的形式来撰写,应包含以下内容。

- 项目需求分析:方案的可行性分析、方案的论证等内容。
- 项目概念设计:系统的总体概念结构设计等内容,各模块或单元程序的设计、算法原理阐述、完整的 E-R 模型图。
- 项目逻辑结构设计:E-R 模型转换为关系模型以及关系模式的优化等内容,并确定出具体的关系模式的结构。
- 项目物理结构设计:为基本数据模式选取一个最适合应用环境的物理结构。
- 编码:根据某一程序设计语言对设计结果进行编码的程序清单。
- 项目测试:使用程序调试的方法和技巧排除故障,选用合理的测试用例进行程序系统测试和数据误差分析等。
- 总结:本课题核心内容程序清单及使用价值,以及程序设计的特点和方案的优/缺点、改进方法和意见。总结是对整个设计工作进行归纳和综合得出的,包含所得结果与已有结果的比较和课题尚存在的问题,以及进一步开展研究的见解与建议。结论要写得概括、简短,中文字数不少于 300 字。

(6) 致谢。对指导教师和给予指导或协助完成课程设计工作的组织和个人表示感谢,内容应简洁明了、实事求是。

(7) 参考文献。

① 参考文献的类型。参考文献(即引文出处)的类型以单或双字母方式标识,如表 2.1.1 和表 2.1.2 所示。

课程设计概述及规范

表 2.1.1　文献类型和标识代码

文 献 类 型	标 识 代 码
普通图书	M
会议录	C
汇编	G
报纸	N
期刊	J
学位论文	D
报告	R
标准	S
专利	P
数据库	DB
计算机程序	CP
电子公告	EB

表 2.1.2　电子文献载体和标识代码

载 体 类 型	标 识 代 码
磁带(magnetic tape)	MT
磁盘(disk)	DK
光盘(CD-ROM)	CD
联机网络(online)	OL

对于英文参考文献,还应注意以下三点:

- 英文书名、英文刊名和英文会议、论文集名需要加粗。
- 文章名除首字母和专有名词外,其余均小写。
- 对于外国人名,姓在前名在后,姓全部大写,名只写首字母,且大写,不需要使用表示省略的点号,姓和名之间也不需要用逗号隔开,格式如 NOVA R;对于中国人名,姓在前名在后,姓全部大写,名首字母大写,格式如 TONG Xiao-dong, WANG Jun 等。

另外,当文献有 3 个以上作者时,前 3 个作者写全,从第 4 个作者开始省略,用"等"或"et al"代替。

② 参考文献的格式。

i) 期刊类

格式:[序号]作者.篇名[J].刊名,出版年份,卷号(期号):起止页码.

例如:

[1] 刘金岭,冯万利.基于属性依赖关系的模式匹配方法[J].微电子学与计算机,2011,28(12):167-174.

[2] Heider, E. R. & D. C. Oliver. The structure of color space in naming and memory of two languages [J]. Foreign Language Teaching and Research,1999,(3):62-67.

ii) 专著类

格式:[序号]作者.书名[M].出版地:出版社,出版年份:起止页码.

例如：

[3] 刘金岭,冯万利,张有东.数据库原理及应用[M].北京：清华大学出版社,2009,7.

[4] Gill, R. Mastering English Literature [M]. London：Macmillan, 1985：42-45.

iii) 报纸类

格式：[序号]作者.篇名[N].报纸名,出版日期(版次).

例如：

[5] 李大伦.经济全球化的重要性[N].光明日报,1998-12-27(3).

[6] French, W. Between Silences：A Voice from China[N]. Atlantic Weekly, 1987-8-15(33).

iv) 会议论文

格式：[序号]作者.篇名[C].出版地：出版者,出版年份：起始页码.

例如：

[7] 伍蠡甫.西方文论选[C].上海：上海译文出版社,1979：12-17.

[8] Spivak, G. "Can the Subaltern Speak?"[A]. In C. Nelson & L. Grossberg (eds.). Victory in Limbo：Imigism [C]. Urbana：University of Illinois Press, 1988, pp. 271-313.

[9] Almarza, G. G. Student foreign language teacher's knowledge growth [A]. In D. Freeman and J. C. Richards (eds.). Teacher Learning in Language Teaching [C]. New York：Cambridge University Press. 1996. pp. 50-78.

v) 学位论文

格式：[序号]作者.篇名[D].出版地：保存者,出版年份：起始页码.

例如：

[10] 张筑生.微分半动力系统的不变集[D].北京：北京大学数学系数学研究所,1983：1-7.

vi) 译著

格式：[序号]原著作者. 书名[M].译者,译. 出版地：出版社,出版年份：起止页码.

(8) 评分表。评分表的内容一般包括学生在做课程设计期间的态度和表现、系统运行的可靠性和稳定性、课程设计报告的规范化程度以及学生的答辩情况等。

例2.1.5 指导教师评语表举例。指导教师评语表为 A4 纸张,如图 2.1.4 所示。

(9) 装订顺序。课程设计报告的装订顺序依次为封面、课程设计任务及进度表、摘要、目录、正文、总结、致谢、参考文献、指导教师评语。

2. 写作细则

(1) 标点符号、名词及名称规范统一。

(2) 标题层次有条不紊、整齐清晰。章节编号应采用分级阿拉伯数字编号方法,一级标题为"1"、"2"、"3"等,二级标题为"1.1"、"1.2"、"1.3"等,三级标题为"1.1.1"、"1.1.2"、"1.1.3"等。两级之间用下角圆点隔开,每一级的末尾不加标点。四级标题为(1)、(2)、…、五级标题为①、②、…。

(3) 插图整洁美观,线条匀称。每幅插图应有图编号和图标题,插图要求居中,图序和图标题应放在图下方居中处。图编号按一级标题编号,一级标题号和图编号之间用"."或"-"分隔,如一级标题 2 中第 3 个图的编号为图 2.3 或图 2-3。

指导教师评语

学号		姓名		班级	
选题名称					

序号	评价内容	权重(%)	得分
1	考勤记录、学习态度、工作作风与表现	10	
2	是否完成设计任务,能否运行,可操作性如何等	30	
3	报告的格式规范程度,是否图文并茂、语言规范及流畅;主题是否鲜明、重心是否突出、论述是否充分、结论是否正确;是否提出了自己的独到见解	30	
4	自我陈述、回答问题的正确性、用语准确性及逻辑思维,是否具有独到的见解等	30	
合计			

指导教师(签章):

_____年____月____日

图 2.1.4 指导教师评语表设计

(4) 表格和插图一样,也要求居中,并有表格标题和编号,但标题应放在表格上方居中处。表格编号格式与图编号格式相同,如一级标题 2 中第 3 个表的编号为表 2.3 或表 2-3。

3. 排版要求

(1) 纸型：A4、纵向。

(2) 正文：中文、宋体、小 4 号字；英文：Times New Roman,小四号字；行距：1.5 倍行距。

(3) 一级标题字体取黑体,字号为三号,段前、段后各 1 行,居中,且在页开始处;二级标题字体取宋体,字号为小三号、加粗,段前、段后各 1 行,居中;三级标题字体取宋体,字号为四号、加粗,段前、段后各 1 行,居左、不空格;四级、五级标题居左空两个汉字的位置,按正文字体、字号。表格、图的标题,中文用五号黑体字,英文用五号加黑。表格、图中,文字用宋体五号字。

(4) 程序代码用 Courier New 字体、字号为五号。

(5) 用 A4 纸打印,除封面、课程设计任务及进度表和教师评语外,其他部分用 A4 纸正反两面打印,奇数页眉("数据库原理及应用"课程设计,五号字,居中)、偶数页眉(课程设计报告题目,4 个空格,作者,五号字,居中),页码用阿拉伯数字连续编排。

第2章 | 数据库应用系统设计规范

在数据库领域,通常把使用数据库的各类信息系统统称为数据库应用系统。数据库应用系统设计是指创建一个性能良好的、能满足不同用户使用要求的、且能被选定的 DBMS 所接受的数据库以及基于该数据库上的应用程序。

2.1 程序开发过程

数据库应用系统的开发是按阶段进行的,一般可划分为 7 个阶段,即可行性分析、系统需求分析、系统的设计(概要设计、详细设计)、程序的开发、系统的测试、编制文档、系统的运行与维护。

在数据库应用系统开发过程中,要明确各阶段的工作目标,了解实现该目标所必需的工作内容,并明确要达到的标准。另外,只有在上一个阶段的工作完成后,才能开始下一阶段的工作。

2.1.1 可行性分析

可行性分析指明确数据库应用系统的目的、功能和要求,了解目前所具备的开发环境和条件,需要论证的内容有以下 5 个方面:

- 在技术能力上是否支持;
- 在经济上效益如何;
- 在法律上是否符合要求;
- 与部门、企业的经营和发展是否吻合;
- 系统投入运行后的维护有无保障。

讨论可行性的目的是判定数据库应用系统的开发有无价值,可以将分析和讨论的内容进行整理、完善,从而形成"项目开发计划书",其主要内容有以下 6 个方面:

- 开发的目的及所期待的效果;
- 系统的基本设想,所涉及的业务对象和范围;
- 开发进度表,开发组织结构;
- 开发、运行的费用;
- 预期的系统效益;
- 开发过程中可能遇到的问题及注意事项。

可行性分析报告是可行性分析阶段的标准化文档。

2.1.2 系统需求分析

系统需求分析是数据库应用系统开发中最重要的一个阶段,直接决定了系统的开发质量和成败,系统开发人员必须明确用户的要求和应用现场环境的特点,了解系统应具有哪些功能,以及数据的流程和数据之间的联系。需求分析应有用户参加,需要到使用现场进行调研学习,软件设计人员应虚心向技术人员和使用人员请教,共同讨论解决需求问题的方法,对调查结果进行分析,明确问题的所在。对于需求分析的内容应编写成"需求分析规格说明书"。

软件需求规格说明书作为分析结果,是软件开发、软件验收和管理的依据。因此,用户必须对其特别重视,不能有一点错误或不当,否则将来可能付出很大的代价。

2.1.3 系统的设计

用户可根据系统的规模,将系统设计分成概要设计和详细设计两个阶段。

(1) 概要设计包括以下 9 个方面:

- 划分系统模块;
- 每个模块的功能确定;
- 用户使用界面的概要设计;
- 输入、输出数据的概要设计;
- 报表概要设计;
- 数据之间的联系、流程分析;
- 文件和数据库表的逻辑设计;
- 硬件、软件开发平台的确定;
- 有规律数据的规范化及数据唯一性要求。

(2) 系统的详细设计是对系统概要设计的进一步具体化,其主要工作如下:

- 文件和数据库的物理设计;
- 输入、输出记录的方案设计;
- 对各子系统的处理方式和处理内容进行细化设计;
- 编写程序设计任务书,通常包括程序规范、功能说明、程序结构图,通常用 HPIPO (Hierarchy Plus Input Process Output)图来描述。

系统详细设计阶段的规范化文档称为软件系统详细设计说明书。

2.1.4 程序的开发

程序开发指根据程序设计任务书的要求,用计算机算法语言实现解题的步骤,主要工作如下:

- 对模块的理解和进一步划分;
- 以模块为单位的逻辑设计,也就是模块内的流程图的编制;
- 编写代码,用程序设计语言编制程序;
- 进行模块内功能的测试、单元测试。

程序质量的要求包括以下 5 个方面:

- 满足要求的确切功能；
- 处理效率高；
- 操作方便，用户界面友好；
- 程序代码的可读性好，函数、变量标识符合规范；
- 扩充性、维护性好。

降低程序的复杂性也是十分重要的，系统的复杂性由模块间的接口数来衡量。一般来讲，n 个模块的接口数的最大值为 $n(n-1)/2$，若是层次结构，n 个模块的接口数的最小值为 $n-1$。为使复杂性最小，对模块的划分设计经常采用层次结构。需要注意的是，编制的程序或模块应容易理解、容易修改，模块应相互独立，在对某一模块进行修改时，对其他模块的功能应不产生影响，模块间的联系要尽可能少。

2.1.5　系统的测试

进行系统测试的目的是为了发现程序中的错误。对于设计的软件，出现错误是难免的，系统测试通常由经验丰富的设计人员设计测试方案和测试样品，并写出测试过程的详细报告。系统测试是在单元测试的基础上进行的，包括以下 4 个方面：
- 测试方案的设计；
- 进行测试；
- 写出测试报告；
- 对测试结果进行评价。

除非是测试一个小程序，否则一开始就把整个系统作为一个单独的实体来测试是不现实的。与开发过程类似，测试过程也必须分步骤进行，每个步骤在逻辑上是前一个步骤的继续。大型软件系统通常由若干个子系统组成，每个子系统又由许多模块组成。因此，大型软件系统的测试基本由以下几个步骤组成：
- 模块测试；
- 子系统测试；
- 系统测试；
- 验收测试。

软件测试常采用黑盒法和白盒法。

2.1.6　编制文档

文档包括开发过程中的所有技术资料以及用户所需的文档，软件系统的文档一般可分为系统文档和用户文档两类。用户文档主要描述系统功能和使用方法，并不考虑这些功能是怎样实现的；系统文档则描述系统设计、实现和测试等方面的内容。文档是影响软件可维护性、可用性的决定因素。编制文档是软件开发过程中的一项重要工作。

系统文档包括开发软件系统在计划、需求分析、设计、编制、调试、运行等阶段的有关文档。在对软件系统进行修改时，系统文档应同步更新，并注明修改者和修改日期，如有必要，应注明修改原因。

用户文档包括以下 4 个方面的内容：
- 系统功能描述；

- 安装文档,说明系统安装步骤以及系统的硬件配置方法;
- 用户使用手册,说明使用软件系统方法和要求,以及疑难问题解答;
- 参考手册,描述可以使用的所有系统设施,解释系统出错信息的含义及解决途径。

2.1.7 系统的运行与维护

系统只有在投入运行以后,才能进行进一步检验,发现潜在的问题。为了适应环境的变化和用户要求的改变,可能要对系统的功能、使用界面进行修改。因此,要对每次发现的问题和修改内容建立系统维护文档,并使系统文档资料同步更新。

通过建立代码编写规范,形成开发小组编码约定,可以提高程序的可靠性、可读性、可修改性、可维护性、一致性,保证程序代码的质量,还可以提高程序的可继承性,使开发人员之间的工作成果能够共享。

软件编码要遵循的原则如下:

(1) 遵循开发流程,在总体设计的指导下进行代码编写。

(2) 代码的编写以实现设计的功能和性能为目标,要求正确完成设计要求的功能,达到设计的性能。

(3) 程序具有良好的程序结构,提高程序的封装性,降低程序的耦合程度。

(4) 程序可读性强,易于理解;方便调试和测试,可测试性好。

(5) 易于使用和维护;具有良好的修改性、扩充性;可重用性强,移植性好。

(6) 占用的资源少,以较低的代价完成任务。

(7) 在不降低程序可读性的情况下,尽量提高代码的执行效率。

2.2 命名规范

在开发中保持良好的编码规范是十分重要的,本节以 Visual C♯ 编码规范为例说明代码编写过程中的命名规范。Visual C♯ 编码规范是一种可读性强,并有助于代码管理、分类的编码规范。采用这种编码规范,能避免一些繁长的前缀,便于记忆变量。

2.2.1 类型级单位的命名

类(Class)实际上是对某种类型的对象定义变量和方法的原型。类表示对现实生活中的一类具有共同特征的事物的抽象,是面向对象编程的基础,包含有关对象动作方式的信息以及名称、方法、属性和事件。实际上,类本身并不是对象,因为它不存在于内存中。当引用类的代码运行时,类的一个新的实例,即对象,就在内存中创建了。虽然只有一个类,但用户能从这个类在内存中创建多个类型相同的对象。

1. 类

Visual C♯ 是完全面向对象的语言。以 Class 声明的类,都必须以名词或名词短语命名,从而体现类的作用。例如:

```
class TestClass
```

当类是一个属性(Attribute)时,以 Attribute 结尾;当类是一个异常(Exception)时,以

Exception 结尾。例如：

```
Class CauseExceptionAttribute
Class ColorSetException
```

当类只需要有一个对象实例（全局对象，如 Application 等）时，必须以 Class 结尾。例如：

```
Class ScreenClass
Class SysteInClass
```

当类只用于作为其他类的基类时，根据情况，以 Base 结尾。例如：

```
MustInherit Class IndicatorBase
```

如果定义的类是一个窗体，那么在名字的后面必须加后缀 Form，如果是 Web 窗体，必须加后缀 Page。例如：

```
class PrintForm : Form            //Windows 窗体
class startPage : page            //Web 窗体
```

2. 枚举和结构

枚举和结构类型必须以名词或名词短语命名，最好体现枚举或结构的特点。例如：

```
Enum ColorButtons                 //以复数结尾，表明这是一个枚举
Struct CustomerInfoRecord         //以 Record 结尾，表明这是一个结构体
```

3. 委派类型

声明委派类型就是定义一个封装特定参数类型和返回值类型的方法体（静态方法或实例方法）的数据类型。例如：

普通的委派类型以描述动作的名词命名，以体现委派类型实例的功能。例如：

```
delegate dataseeker (string seekstring)
```

用于事件处理的委派类型，必须以 eventhandler 结尾。例如：

```
delegate datachangedeventhandler (object sender, datachangedeventargs e)
```

4. 接口

接口不一定必须由 I 作为前缀，但一般都在接口前面加上这个前缀，以将它们区别于类变量。一般用形容词命名接口，突出表现实现接口的类具有什么功能。例如：

```
Interface ISortable
```

5. 模块

模块不是类型，它的名称除了必须以名词命名外，还必须加后缀 Module。例如：

```
Module SharedFunctionsModule
```

说明：上述所有规则的共同特点是，每个组成名称的词语都必须以大写字母开始，禁止使用完全大写或小写的名称。

2.2.2 方法、属性和事件的命名

方法是封装在对象里的一些函数,也就是这个对象能做的一些事情。使用方法的方法就是调用,和调用自定义函数一样调用它。属性是对象所具有的一些性质,是封装在对象里的一些变量。使用属性的方法就是读取或赋值。事件是出现某种行为的自动通知,是类的成员,只能在事件处理上下文中使用。方法、属性和事件都是面向对象的。

1. 方法

无论是函数还是子程序,方法都必须以动词或动词短语命名,无须区分函数和子程序,也无须指明返回类型。例如:

```
sub Open(String CommandString)
function SetCopyNumber(int CopyNumber)
```

参数需要指明是 ByVal 还是 ByRef,虽然写起来会让程序变长,但非常必要。如果没有特殊情况,都使用 ByVal。对于参数的命名方法,参考后面"变量的命名方法"。对于需要重载的方法,需要加上 Overload 关键字,然后根据需要编写。

2. 属性

原则上,字段(Field)是不能公开的,要访问字段的值,一般使用属性。属性以简单、明了的名词命名,例如:

```
Property Concentration As Single
Property Customer As CustomerTypes
```

3. 事件

事件命名的原则一般是动词或动词的分词,例如:

```
public Event MyEventHandler SomeEvent
event click as clickeventhandler
event colorchanged as colorchangedeventhangler
```

2.2.3 变量、常量及其他命名

在程序中存在大量的数据,用来代表程序的状态,其中,有些数据在程序的运行过程中值会发生改变,有些数据在程序运行过程中值不会发生改变,这些数据在程序中分别被称为变量和常量。在实际编程时,用户可以根据数据在程序运行中是否发生改变来选择是使用变量还是常量。

1. 变量和常量

常量以表明常量意义的名词命名,一般不区分类型。例如:

```
Const single DefaultConcentration = 0.01
```

在严格要求的代码中,常数以"c_"开头,例如,c_DefaultConcentration,但最好不用,因为会增加输入难度。

对于普通类型的变量,只要用有意义的名字命名即可,不可使用简称和无意义的名称,例如 A、x1 等,下面给出具体的例子:

```
int Index;
double NextMonthExpenditure;
string CustomerName;
```

并且,不能取太长的名字,应该尽量简洁,例如:

```
string VariableUsedToStoreSystemInformation;   //太复杂了
string SystemInformation;                       //简单明了
string sysInfo;                                 过于简单
```

对于特殊情况,也可以考虑定义一个字母的变量。例如:

```
Boolean b;
```

对于控件,应该指明控件的类型,方法是直接在变量后面加类名。例如:

```
Button NextPageButton;                          //按钮
MainMenu MyMenu;                                //菜单
```

像这样的例子还有很多,不必规定某种类型的变量的前缀,只需把类型写在前面即可。

2. 作用域和前缀

变量的有效性范围称为变量的作用域,所有的变量都有自己的作用域,变量说明的方式不同,其作用域也不同。在变量和函数名中加入前缀,能够增加人们对 Windows 程序的理解,使程序易于阅读和维护。

(1)变量的作用域及前缀。变量的作用域及前缀如表 2.2.1 所示。

表 2.2.1　变量的作用域及前缀

前　　缀	说　　明	举　　例
P	全局变量	PstrName
St	静态变量	StstrName
M	模块或者窗体的局部变量	MstrName
A	数组	AintCount[]

(2)变量数据类型的前缀。变量数据类型的前缀如表 2.2.2 所示。

表 2.2.2　变量数据类型的前缀

C#数据类型	类库数据类型	标准命名举例
Sbyte	System. sbyte	Sbte
Short	System. Int16	Sht
Int	System. Int32	Int
Long	System. Int64	Lng
Byte	System. Byte	Bte
Ushot	System. Uint16	Usht
Uint	System. Uint32	Uint
Ulong	System. Uint64	Ulng
Float	System. Single	Flt
Double	System. Double	Dbl

续表

C#数据类型	类库数据类型	标准命名举例
Decimal	System. Decimal	Dcl
Bool	System. Boolean	Bol
Char	System. Char	Chr
Object	System. Object	Obj
String	System. String	Str
DateTime	System. DateTime	Dte
IntPtr	System. Intpre	IntPtr

2.2.4　ADO 组件和窗体控件的命名

ADO 组件用于建立数据库的连接，ADO 的数据源组件和命令组件可以通过该组件运行命令及从数据库中提取数据等。窗体控件的一个优点就是可以通过它在客户端实现丰富的用户信息。

1. ADO.NET 的命名规范

ADO.NET 的命名规范如表 2.2.3 所示。

表 2.2.3　ADO.NET 的命名规范

数 据 类 型	数据类型简写	标准命名举例
Connection	con	conNorthwind
Command	cmd	cmdReturnProducts
Parameter	parm	parmProductID
DataAdapter	dad	dadProducts
DataReader	dtr	dtrProducts
DataSet	dst	dstNorthWind
DataTable	dtbl	dtblProduct
DataRow	drow	drowRow98
DataColumn	dcol	dcolProductID
DataRelation	drel	drelMasterDetail
DataView	dvw	dvwFilteredProducts

2. 窗体控件的命名规范

窗体控件的命名规范如表 2.2.4 所示。

表 2.2.4　窗体控件的命名规范

数 据 类 型	数据类型简写	标准命名举例
Label	lbl	lblMessage
LinkLabel	llbl	llblToday
Button	btn	btnSave
TextBox	txt	txtName
MainMenu	mmnu	mmnuFile
CheckBox	chk	chkStock

数 据 类 型	数据类型简写	标准命名举例
RadioButton	rbtn	rbtnSelected
GroupBox	gbx	gbxMain
PictureBox	pic	picImage
Panel	Pnl	pnlBody
DataGrid	dgrd	dgrdView
ListBox	lst	lstProducts
CheckedListBox	clst	clstChecked
ComboBox	cbo	cboMenu
ListView	lvw	lvwBrowser
TreeView	tvw	tvwType
TabControl	tctl	tctlSelected
DataTimePicker	dtp	dtpStartDate
HscrollBar	hsb	hsbImage
VscrollBar	vsb	vsbImage
Timer	tmr	tmrCount
ImageList	ilst	ilstImage
ToolBar	tlb	tlbManage
StatusBar	stb	stbFootPrint
OpenFileDialog	odlg	odlgFile
SaveFileDialog	sdlg	sdlgSave
FoldBrowserDialog	fbdlg	fgdlgBrowser
FontDialog	fdlg	fdlgFoot
ColorDialog	cdlg	cdlgColor
PrintDialog	pdlg	pdlgPrint

3. WebControl 的命名规范

WebControl 的命名规范如表 2.2.5 所示。

表 2.2.5　WebControl 的命名规范

数 据 类 型	数据类型简写	标准命名举例
AdRotator	adrt	adrtExample
Button	btn	btnSubmit
Calendar	cal	btnSubmit
CheckBox	chk	chkBlue
CheckBoxList	chkl	chklFavColors
CompareValidator	valc	valcValidAge
CustomValidator	valx	valxDBCheck
DataGrid	dgrd	dgrdTitles
DataList	dlst	dlstTitles
DropDownList	drop	dropCountries
HyperLink	lnk	lnkDetails
Image	img	imgAuntBetty

数 据 类 型	数据类型简写	标准命名举例
ImageButton	ibtn	ibtnSubmit
Label	lbl	lblResults
ListBox	lst	lstCountries
Panel	pnl	pnlForm
PlaceHolder	plh	plhFormContents
RadioButton	rad	radFemale
RadioButtonList	radl	radlGender
RangeValidator	valg	valgAge
RegularExpression	vale	valeEmail_Validator
Repeater	rpt	rptQueryResults
RequiredFieldValidator	valr	valrFirstName
Table	tbl	tblCountryCodes
TableCell	tblc	tblcGermany
TableRow	tblr	tblrCountry
TextBox	txt	txtFirstName
ValidationSummary	vals	valsFormErrors
XML	xmlc	xmlcTransformResults

4. 自定义对象

除了可以使用 Visual C♯ 预先定义好的对象以外，用户完全可以自己创建对象。创建对象需要以下 3 个步骤：

（1）定义一个结构用来说明这个对象的各种属性，以及对各种属性加以初始化。

（2）创建对象需要的各种方法。

（3）使用 new 语句创建这个对象的实例。

一个对象含有自己的属性和方法，可以采用以下方法来访问对象实例的属性：

对象实例名称.属性名称

用户应该根据自定义对象的名称来确定该对象类型的前缀，例如：

对象：SysSet
前缀：ss
例子：ssSafety

5. 标签

标签就是用于 goto 跳转的代码标识，由于 goto 并不推荐使用，所以标签的使用也比较苛刻。标签必须全部大写，中间的空格用下划线"_"代替，而且应该以"_"开头，例如：

_A_LABEL_EXAMPLE:

如此定义标签是为了与其他代码元素相区别。

6. 名字空间

通常，一个工程使用一个名字空间，不需要使用 Namespace 语句，而是在工程选项的"Root Namespace"中指定。使用名字空间可以使代码更加整齐、容易修改，这是 Visual C♯

最主要的优点。名字空间的语法格式如下：

公司名.产品名[.组件名的复数]

例如：

```
Namespace COM.NET
Namespace COM.File.IO.Files
```

2.3 程序代码书写规范

遵循代码编写规范书写的代码，很容易阅读、理解、维护、修改、跟踪调试和整理。

2.3.1 格式化

良好的格式化代码编写会给浏览、调试、修改和维护工作带来很大的方便。

1. 块

.NET 提供了♯Region…♯End Region 块控制，应该根据代码所实现的功能分类并以块的形式组织起来。

2. 缩进

每个层次都应该直接以 Tab 进行缩进，而不是 Space(空格键)。

3. 分行

如果表达式不适合单行显示，应根据下面的原则分行：

(1) 在一个逗号后换行。

(2) 在一个操作符后换行。

(3) 在表达式的高层次处换行。

(4) 新行与前一行在同一层次，并与表达式的起始位置对齐。

2.3.2 注释

适当地在程序中加入注释，可以增强程序的可读性，以方便维护人员维护程序。注释对调试程序和编写程序也可起到很好的帮助作用。在编写程序代码时，大家要注意养成书写注释的良好习惯。

1. 块注释

块注释很少使用，通常用来注释大块的代码。如果希望使用块注释，应该使用下面的格式：

```
/* Line 1
 * Line 2
 * Line 3
 */
```

2. 单行注释

通常使用"//"注释一行代码，也可以用它注释代码块。当单行注释用作代码解释时，必须缩进到与代码对齐。

3. 文档注释

单行 XML 注释的格式如下：

```
///< summary >
///This class…
///</ summary >
```

多行 XML 注释的格式如下：

```
///< exception cref = "BogusException">
///This exception gets thrown as soon as a
///Bogus flag gets set.
///</ exception >
```

一般情况下，要求有名称、功能、作者、说明、创建、修改、参数与返回等内容。

2.3.3 编码规则

随着数据库应用越来越广泛，代码的编写越来越复杂，源文件也越来越多。对于软件开发人员来说，除了保证程序运行的正确性和提高代码的运行效率之外，规范风格的编码会对软件的升级、修改、维护带来极大的方便，并且保证程序员不会陷入"代码泥潭"中"无法自拔"。

1. 错误检查规则

程序人员在编写程序时出现错误是难免的，对于语法错误，系统一般可以检查出来，大家还要注意以下规则：

（1）编程中要考虑函数的各种执行情况，尽可能处理所有的流程情况。

（2）检查所有的系统调用的错误信息，除非要忽略错误。

（3）将函数分为为两类，一类与屏幕的显示无关，另一类与屏幕的显示有关。对于与屏幕显示无关的函数，函数通过返回值来报告错误；对于与屏幕显示有关的函数，函数要负责向用户发出警告，并进行错误处理。

（4）错误处理代码一般放在函数末尾。

（5）对于通用的错误，可建立通用的错误处理函数进行处理。

2. 大括号规则

将大括号放置在关键词下方的同列处，例如：

```
if ( $ condition)        while ( $ condition)
{                        {
…                        …
}                        }
```

3. 小括号规则

小括号使用规则如下：

（1）不要把小括号和关键词（if、while 等）紧贴在一起，要用空格隔开它们。

（2）不要把小括号和函数名紧贴在一起。

（3）除非有必要，不要在 return 返回语句中使用小括号。因为关键字不是函数，如果小括号紧贴着函数名和关键字，二者很容易被看成是一体的。

（4）if-then-else 规则：如果程序中用到 else if 语句，通常有一个 else 块用于处理未处理到的其他情况，即使在 else 处没有任何动作，也可以放一个信息注释在 else 处。其格式如下：

```
if (条件 1)              //注释
  {
  }
  else if (条件 2)       //注释
        {
        }
        else            //注释
        {
        }
```

注意：if 循环的嵌套最多允许 4 层。

除此以外，还有一些编码规则，下面进行简单介绍。

（1）case 规则：default case 总应该存在，如果不允许到达，则应该保证；若到达了，会触发一个错误。case 的选择条件最好使用 int 或 string 类型。

（2）单语句规则：除非这些语句有很密切的联系，否则每行只写一个语句。

（3）单一功能规则：在单一功能规则的原则上，一个程序单元（函数、例程、方法）只完成一项功能。

（4）简单功能规则：在简单功能规则的原则上，一个程序单元的代码应该限制在一页内（25～30 行）。

（5）明确条件规则：不要采用默认值测试非零值。

（6）选用 False 规则：大部分函数在错误时返回 False、0 或 No 之类的值，但在正确时返回值就不定了（不能用一个固定的 True、1 或 Yes 来代表），因此，在检测一个布尔值时应该用 False、0、No 之类的不等式来代替。

（7）独立赋值规则：嵌入式赋值不利于用户理解程序，并且可能造成意想不到的副作用，所以应尽量编写独立的赋值语句。例如，使用"a＝b＋c；e＝a＋d；"而不用"e＝(a＝b＋c)＋d"。

（8）模块化规则：如果某一功能重复实现一遍以上，应考虑模块化，将它写成通用函数，并向小组成员发布。同时，要尽可能地利用他人的现成模块。

（9）交流规则：共享别人的工作成果，向别人提供自己的工作成果。在具体任务开发中，如果有其他编码规则，在相应的软件开发计划中应予以明确定义。

2.3.4 编码规范

为了保证编写出的程序符合相同的规范，需要建立一套保证一致性、统一性的程序编码规范。

1. 变量的使用

（1）不允许随意定义全局变量。

（2）一个变量只能有一个用途，变量的用途必须和变量的名称保持一致。

（3）所有变量都必须在类和函数的最前面定义，并分类排列。

2. 数据库操作

(1) 在查找数据库表或视图时,只能取出确实需要的那些字段。

(2) 使用不相关子查询,而不要使用相关子查询。

(3) 清楚明白地使用列名,而不能使用列的序号。

(4) 用事务保证数据的完整性。

3. 对象的使用

尽可能晚地创建对象,并且尽可能早地释放它。

4. 模块设计原则

(1) 不允许随意定义公用的函数和类。

(2) 函数功能单一,不允许一个函数实现两个及两个以上的功能。

(3) 不能在函数内部使用全局变量,如要使用全局变量,应转化为局部变量。

(4) 函数与函数之间只允许存在包含关系,不允许存在交叉关系,即两者之间只存在单方向的调用与被调用,不存在双向的调用与被调用。

5. 结构化要求

(1) 避免使用 goto 语句。

(2) 用 if 语句来强调只执行两组语句中的一组,禁止使用 else goto 和 else return。

(3) 用 case 实现多路分支。

(4) 避免从循环引出多个出口。

(5) 函数只有一个出口。

(6) 不使用条件赋值语句。

(7) 避免不必要的分支。

(8) 不要轻易用条件分支去替换逻辑表达式。

6. 表达式函数返回值原则

函数返回值避免使用结构体等复杂类型。

(1) 使用 bool 类型,该函数只需要获得成功或者失败的返回信息。

(2) 使用 int 类型,错误代码用负数表示,若成功则返回。

7. 代码包规范

每个任务在完成一个稳定的版本后,都应该打包并且归档。

(1) 代码包的版本号。代码包的版本号由圆点隔开的两个数字组成,第一个数字表示发行号,第二个数字表示该版的修改号。具体用法如下:

- 当代码包初版时,版本号为 V1.00。
- 当代码包被局部修改或 bug 修正时,发行号不变,修改号的第二个数字增 1。例如,对初版代码包做了第一次修订,则版本号为 V1.01。
- 当代码包在原有的基础上增加部分功能时,发行号不变,修改号的第一个数字增 1。例如,在 V1.12 版的基础上增加部分功能,则新版本号为 V1.20。
- 当代码包有重要修改或局部修订累积较多导致代码包发生全局变化时,发行号增 1。例如,在 V1.15 版的基础上做了一次全面修改,则新版本号为 V2.00。

(2) 代码包的标识。所产生的代码包都有唯一、特定的编码,其构成如下:

S-项目标识-代码包类型-版本号/序号

其中,各项所代表的含义如下。

- S:本项目的标识,表明本项目是"××××"。
- 项目标识:简要标识本项目,此标识适用于整个项目的文档。
- 代码包类型:取自表 2.2.6 中的两位字母编码,项目中所有代码包的标识清单将在《项目开发计划》中予以具体定义。

表 2.2.6 项目的代码包分类表

类 型	编 码	注 释
RAR 包(Web)源码文件	WS	源代码文件包
编译文件	WB	编译文件包
安装文件	WI	安装文件包
源码代码 + 安装文件	WA	源代码和安装文件包

- 版本号:本代码包的版本号。
- 序号:四位数字编码,指明该代码包在项目代码库的总序号。

例如,一个 Windows 下 RAR 源码的压缩代码包命名如下:

S-XXXX-WS-V1.02/0001

2.3.5 代码的控制

源代码控制确定了多个开发人员同时访问项目文件时怎样对其进行版本控制和维护。

(1) 代码库/目录的建立:项目负责人在 Visual Source Safe(VSS,作为 Microsoft Visual Studio 的一名成员,它的主要任务是负责项目文件管理中建立项目的文档库目录)中建立项目的文档库目录,即"Software",以便快速查询。

(2) 代码归档:所有代码在完成一个稳定的版本后,项目负责人都应对其打包,并存放于 VSS 中的 Software 下,并且依据代码包的命名规范为代码包分配一个唯一的名称。

2.3.6 输入控制校验规则

(1) 登录控制:用户登录 ID 和登录密码,要限定其输入长度范围,且必须检查输入的合法性。

(2) 数据录入控制:大家要注意下面两个方面的内容。

① TextBox 输入要保持用户输入和数据库接收的长度一致。并且,必须进行输入合法性校验,如 E_mail 格式"×××@×××.×××…"、电话格式"010-12345678 或(010)12345678"、邮政编码是六位等。

② 除 CheckBox、RadioButton 外,禁止在 DataGrid 内嵌入其他编辑控件,用于添加编辑数据。

2.3.7 数据库的命名规范

例如在本数据库系统中,SQL Server 应遵循以下命名规范:

- 表名由一个或 3 个以下的英文单词组成,单词首字母大写,如 DepartmentUsers。

- 表主键名为表名+ID,如 Document 表的主键名为 DocumentID。
- 存储过程名为表名+方法,如 p_my NewsAdd、p_my_NewsUpdate。
- 视图名为 View+表名,如 ViewNews。
- Status 为表中状态的列名,默认值为 0,在表中进行删除操作将会改变 Status 的值,而不是真正删除该记录。
- Checkintime 为记录添加时间列,默认值为系统时间。
- 表、存储过程、视图等对象都为 dbo,不要使用数据库用户名,否则会影响数据库用户的更改。

第 3 章 项目开发文档

项目开发文档是项目开发使用和维护中的必备资料。它能提高项目开发的效率,保证项目的质量,而且在项目的使用过程中有指导、帮助、解惑的作用,尤其在维护工作中,项目开发文档是不可或缺的资料。

3.1 项目开发文档的类型

在项目开发过程中,应该按要求编写 13 种类型的文档,文档编制要求具有针对性、精确性、清晰性、完整性、灵活性、可追溯性。

(1) 可行性分析报告:说明该项目开发项目的实现在技术上、经济上和社会因素上的可行性,评述为了合理地达到开发目标可以选择的各种可能的实施方案,说明并论证所选实施方案的理由。

(2) 项目开发计划:为项目开发实施方案制订出具体计划,应该包括各部分工作的负责人员、开发的进度、开发经费的预算、所需的硬件及项目资源等。

(3) 项目需求说明书(项目规格说明书):对所开发项目的功能、性能、用户界面及运行环境等做出详细的说明。它是在用户与开发人员双方对项目需求取得共同理解并达成协议的条件下编写的,也是实施开发工作的基础。该说明书应给出数据逻辑和数据采集的各项要求,为生成和维护系统数据文件做好准备。

(4) 概要设计说明书:该说明书是概要实际阶段的工作成果,它应说明功能分配、模块划分、程序的总体结构、输入/输出,以及接口设计、运行设计、数据结构设计和出错处理设计等,为详细设计提供基础。

(5) 详细设计说明书:着重描述每一模块是怎样实现的,包括实现算法、逻辑流程等。

(6) 用户操作手册:本手册详细描述项目的功能、性能和用户界面,使用户对如何使用该项目有一个具体的了解,为操作人员提供该项目的各种运行情况的有关知识,特别是操作方法的具体细节。

(7) 测试计划:为做好集成测试和验收测试,需要为如何组织测试制订实施计划。该计划应包括测试的内容、进度、条件、人员,测试用例的选取原则和测试结果允许的偏差范围等。

(8) 测试分析报告:测试工作完成以后,应提交测试计划执行情况的说明,对测试结果加以分析,并提出测试的结论意见。

(9) 开发进度月报:该月报是项目人员按月向管理部门提交的项目进展情况报告,该报告应包括进度计划与实际执行情况的比较、阶段成果、遇到的问题和解决的办法以及下个月的打算等。

(10) 项目开发总结报告：项目开发完成以后，应与项目实施计划相对照，总结实际执行的情况，如进度、成果、资源利用、成本和投入的人力。此外，还需对开发工作做出评价，总结出经验和教训。

(11) 项目维护手册：主要包括项目系统说明、程序模块说明、操作环境、支持项目说明、维护过程说明，以便于项目的维护。

(12) 项目问题报告：指出项目问题的登记情况，如日期、发现人、状态、问题所属模块等，为项目修改提供准备文档。

(13) 项目修改报告：在项目产品投入运行以后，如果发现了需对其进行修正、更改等问题，应将存在的问题、修改的考虑以及修改的影响做出详细的描述，并提交审批。

3.2 项目开发文档的编制

3.2.1 可行性分析报告

(1) 引言。该部分主要包括以下几个方面的内容：

① 编写目的。该部分应阐明编写可行性分析报告的目的，并提出读者对象。

② 项目背景。该部分应包括所建议开发软件的名称，项目的任务提出者、开发者、用户及实现软件的单位，项目与其他软件或其他系统的关系。

③ 定义。该部分应列出可行性分析报告中用到的专门术语的定义和缩写词的原文。

④ 参考资料。该部分应列出有关资料的作者、标题、编号、发表日期、出版单位或来源，可包括项目经核准的计划任务书、合同或上级机关的批文；与项目有关的已发表的资料；文档中所引用的资料，以及所采用的软件标准或规范。

(2) 可行性研究的前提。该部分主要包括以下几个方面的内容：

① 要求。该部分应列出并说明建议开发软件的基本要求，如功能、性能、输入/输出、基本的数据流程和处理流程、安全与保密要求、与软件相关的其他系统、完成日期。

② 目标。该部分应包括人力与设备费用的节省、处理速度的提高、控制精度或生产力的提高、管理信息服务的改进、决策系统的改进、人员工作效率的提高。

③ 条件、假定和限制。该部分应包括建议开发软件运行的最短寿命；进行方案选择、设计的期限；经费来源和使用限制；法律和政策方面的限制；硬件、软件、运行环境和开发环境的条件和限制；可利用的信息和资源；建议开发软件投入使用的最迟时间。

④ 可行性研究方法。

⑤ 决定可行性的主要因素。

(3) 对现有系统的分析。

① 处理流程和数据流程。

② 工作负荷。

③ 费用支出。例如人力、设备、空间、支持性服务、材料等项的开支。

④ 人员。该部分应列出所需人员的专业技术类别和数量。

⑤ 设备。

⑥ 局限性。该部分应说明现有系统存在的问题以及为什么需要开发新的系统。

（4）所建议技术的可行性分析。

① 对系统的简要描述。

② 与现有系统比较的优越性。

③ 处理流程和数据流程。

④ 采用建议系统可能带来的影响。该部分应该包括对设备的影响、对现有软件的影响、对用户的影响、对系统运行的影响、对开发环境的影响、对经费支出的影响。

⑤ 技术可行性评价。该部分应该包括在限制条件下，功能目的是否达到；利用现有技术，功能目的是否达到；对开发人员数量和质量的要求，并说明能否满足；在规定的期限内，开发能否完成。

（5）所建议系统的经济可行性分析。

① 支出。

② 效益。

③ 收益/投资比。

④ 投资回收周期。

⑤ 敏感性分析。指一些关键性因素，如系统生存周期长短、系统工作负荷量、处理速度要求、设备和软件配置变化对支出和效益的影响等的分析。

（6）社会因素的可行性分析。

① 法律因素。例如合同责任、侵犯专利权、侵犯版权。

② 用户使用可行性。例如用户单位的行政管理、工作制度、人员素质等能否满足要求。

（7）其他可以选择的方案。逐个阐明其他可以选择的方案，并重点说明未被推荐的理由。

（8）结论意见。结论意见可能是，可着手组织开发；需在若干条件（如资金、人力、设备等）具备后才能开发；需对开发目标进行某些修改；不能进行或不必进行（如技术不成熟、经济上不合算等）；其他。

3.2.2　项目开发计划

（1）引言。

① 编写目的。该部分应阐明编写项目开发计划的目的，并提出读者对象。

② 项目背景。该部分应包括项目的委托单位、开发单位和主管部门，以及该软件系统与其他系统的关系。

③ 定义。该部分应列出项目开发计划中用到的专门术语的定义和缩写词的原文。

④ 参考资料。该部分应包括项目经核准的计划任务书、合同或上级机关的批文；文档所引用的资料、规范等；这些资料的作者、标题、编号、发表日期、出版单位或来源。

（2）项目概述。

① 工作内容。该部分应简要说明项目的各项主要工作，介绍所开发软件的功能、性能等。若不编写可行性研究报告，则应在该部分给出较详细的介绍。

② 条件与限制。该部分应阐明完成项目应具备的条件、开发单位已具备的条件以及尚需创造的条件。必要时还应说明用户及分合同承担的工作、完成期限及其他条件与限制。

③ 产品。对于程序，应列出应交付的程序名称、使用的语言及存储形式；对于文档，应

列出应交付的文档。

④ 运行环境。该部分应包括硬件环境、软件环境。

⑤ 服务。该部分应阐明开发单位可以向用户提供的服务,如人员培训、安装、保修、维护和其他运行支持。

⑥ 验收标准。

(3) 实施计划。

① 任务分解。该部分应阐明任务的划分及各项任务的负责人。

② 进度。该部分应阐明按阶段完成的项目,并用图表说明开始时间、完成时间。

③ 预算。

④ 关键问题。该部分应阐明可能影响项目的关键问题,如设备条件、技术难点或其他风险因素,并说明对策。

(4) 人员组织及分工。

(5) 交付期限。

(6) 专题计划要点。例如测试计划、质量保证计划、配置管理计划、人员培训计划、系统安装计划等。

3.2.3 项目需求说明书

(1) 引言。

① 编写目的。该部分应阐明编写项目需求说明书的目的,并指明读者对象。

② 项目背景。该部分应包括项目的委托单位、开发单位和主管部门,以及该软件系统与其他系统的关系。

③ 定义。该部分应列出项目需求说明书中所用到的专门术语的定义和缩写词的原文。

④ 参考资料。该部分应包括项目经核准的计划任务书、合同或上级机关的批文;文档所引用的资料、规范等;这些资料的作者、标题、编号、发表日期、出版单位或来源。

(2) 任务概述。

① 目标。

② 运行环境。

③ 条件与限制。

(3) 数据描述。

① 静态数据。

② 动态数据。包括输入数据和输出数据。

③ 数据库描述。给出所使用数据库的名称和类型。

④ 数据词典。

⑤ 数据采集。

(4) 功能需求。

① 功能划分。

② 功能描述。

(5) 性能需求。

① 数据精确度。

② 时间特性。例如响应时间、更新处理时间、数据转换与传输时间、运行时间等。

③ 适应性。该部分应阐述在操作方式、运行环境、与其他软件的接口以及开发计划等发生变化时数据库应具有的适应能力。

（6）运行需求。

① 用户界面。例如屏幕格式、报表格式、菜单格式、输入/输出时间等。

② 硬件接口。

③ 软件接口。

④ 故障处理。

（7）其他需求。例如可使用性、安全保密、可维护性、可移植性等。

3.2.4　概要设计说明书

（1）引言。

① 编写目的。该部分应阐明编写概要设计说明书的目的，并指明读者对象。

② 项目背景。该部分应包括项目的委托单位、开发单位和主管部门，以及该软件系统与其他系统的关系。

③ 定义。该部分应列出概要设计说明书中所用到的专门术语的定义和缩写词的原文。

④ 参考资料。该部分应列出这些资料的作者、标题、编号、发表日期、出版单位或来源，可包括项目经核准的计划任务书、合同或上级机关的批文；项目开发计划；需求规格说明书；测试计划（初稿）；用户操作手册；文档所引用的资料、采用的标准或规范。

（2）任务概述。

① 目标。

② 需求概述。

③ 条件与限制。

（3）总体设计。

① 处理流程。

② 总体结构和模块外部设计。

③ 功能分配。该部分应表明各项功能与程序结构的关系。

（4）接口设计。

① 外部接口。该部分应包括用户界面、软件接口与硬件接口。

② 内部接口。该部分应说明模块之间的接口。

（5）数据结构设计。

（6）逻辑结构设计。

（7）物理结构设计。

（8）数据结构与程序的关系。

（9）运行设计。

① 运行模块的组合。

② 运行控制。

③ 运行时间。

（10）出错处理设计。

① 出错输出信息。

② 出错处理对策。例如设置后备、性能降级、恢复及再启动等。

(11) 安全保密设计。

(12) 维护设计。该部分应说明为方便维护工作的设施,如维护模块等。

3.2.5　详细设计说明书

(1) 引言。

① 编写目的。该部分应阐明编写详细设计说明书的目的,并指明读者对象。

② 项目背景。该部分应包括项目的来源和主管部门等。

③ 定义。该部分应列出详细设计说明书中所用到的专门术语的定义和缩写词的原文。

④ 参考资料。该部分应列出有关资料的作者、标题、编号、发表日期、出版单位或来源,可包括项目经核准的计划任务书、合同或上级机关的批文;项目开发计划;需求规格说明书;概要设计说明书;测试计划(初稿);用户操作手册;文档所引用的资料、软件开发的标准或规范。

(2) 总体设计。

① 需求概述。

② 软件结构。例如给出软件系统的结构图。

(3) 程序描述。

① 逐个模块给出功能、性能、输入项目、输出项目的说明。

② 算法。该部分描述模块所选用的算法。

③ 程序逻辑。该部分应详细描述模块实现的算法,可采用标准流程图、PDL 语言、N-S 图、判定表等描述算法的图表。

④ 接口。该部分应给出接口的存储分配、限制条件。

⑤ 测试要点。该部分应给出测试模块的主要测试要求。

3.2.6　用户操作手册

(1) 引言。

① 编写目的。该部分应阐明编写用户操作手册的目的,并指明读者对象。

② 项目背景。该部分应说明项目的来源、委托单位、开发单位及主管部门。

③ 定义。该部分应列出用户操作手册中使用的专门术语的定义和缩写词的原文。

④ 参考资料。该部分应列出有关资料的作者、标题、编号、发表日期、出版单位或来源,可包括项目经核准的计划任务书、合同或上级机关的批文;项目开发计划;需求规格说明书;概要设计说明书;详细设计说明书;测试计划;文档中所引用的其他资料、采用的软件工程标准或软件工程规范。

(2) 软件概述。

① 目标。

② 功能。

③ 性能。

④ 数据精确度。该部分应包括输入、输出及处理数据的精度。

⑤ 时间特性。例如响应时间、处理时间、数据传输时间等。

⑥ 灵活性。该部分应包括在操作方式、运行环境需做某些变更时软件的适应能力。

（3）运行环境。

① 硬件。该部分应列出软件系统运行时所需的硬件最低配置，如计算机型号、主存容量；外存储器、媒体、记录格式、设备型号及数量；输入、输出设备；数据传输设备及数据转换设备的型号和数量。

② 支持软件。该部分应包括操作系统名称及版本号、语言编译系统或汇编系统的名称及版本号、数据库管理系统的名称及版本号和其他必要的支持软件。

（4）使用说明。

① 安装和初始化。该部分应给出程序的存储形式、操作命令、反馈信息及其含义，表明安装完成的测试实例以及安装所需的软件工具等。

② 输入。该部分应给出输入数据或参数的要求。对于数据背景，应说明数据来源、存储媒体、出现频度、限制和质量管理等；对于数据格式，应说明数据的长度、格式基准、标号、顺序、分隔符、词汇表、省略和重复、控制，并举例。

③ 输出。该部分应给出每项输出数据的说明。对于数据背景，应说明输出数据的去向、使用频度、存放媒体及质量管理等；对于数据格式，应详细阐明每项输出数据的格式，如首部、主体和尾部的具体格式，并举例。

④ 出错和恢复。该部分应给出出错信息及其含义，以及用户应采取的措施，如修改、恢复、再启动。

⑤ 求助查询。该部分应说明如何操作。

（5）运行说明。

① 运行表。该部分应列出每种可能的运行情况，并说明其运行目的。

② 运行步骤。该部分应按顺序说明每个运行步骤。

③ 运行控制。

④ 操作信息。该部分应包括运行目的、操作要求、启动方法、预计运行时间、操作命令格式及说明、其他事项。

⑤ 输入/输出文件。该部分应给出建立或更新文件的有关信息，例如文件的名称及编号；记录媒体；储存的目录；文件的支配；说明确定保留文件或废弃文件的准则，分发文件的对象等。

⑥ 启动或恢复过程。

（6）非常规过程。该部分应提供非常规操作的必要信息和操作步骤，如出错处理操作、向后备系统切换操作及维护人员须知的操作和注意事项。

（7）操作命令一览表。该部分应按字母顺序逐个列出所有操作命令的格式、功能及参数说明。

（8）程序文件（或命令文件）和数据文件一览表。该部分应按文件名字母顺序或按功能与模块分类顺序列出文件名称、标识符及说明。

（9）用户操作举例。

3.2.7 测试计划

(1) 引言。

① 编写目的。该部分应阐明编写测试计划的目的并指明读者对象。

② 项目背景。该部分应说明项目的来源、委托单位及主管部门。

③ 定义。该部分应列出测试计划中所用到的专门术语的定义和缩写词的原文。

④ 参考资料。该部分应列出有关资料的作者、标题、编号、发表日期、出版单位或来源，可包括项目的计划任务书、合同或批文；项目开发计划；需求规格说明书；概要设计说明书；详细设计说明书；用户操作手册；本测试计划中引用的其他资料、采用的软件开发标准或规范。

(2) 任务概述。

① 目标。

② 运行环境。

③ 需求概述。

④ 条件与限制。

(3) 计划。

① 测试方案。该部分应说明测试方法和选取测试用例的原则。

② 测试项目。该部分应列出组装测试和确认测试中每一项测试的内容、名称、目的和进度。

③ 测试准备。

④ 测试机构及人员。该部分应说明测试机构的名称、负责人和职责。

(4) 测试项目说明。

① 按顺序逐个对测试项目做出说明。该部分应包括测试项目名称及测试内容、测试用例、输入（输入的数据和命令）、输出（预期的输出数据）。

② 步骤及操作。

③ 允许偏差。该部分应给出实测结果与预期结果之间允许的偏差范围。

④ 进度。

⑤ 条件。该部分应给出各项测试对资源的特殊要求，如设备、软件、人员等。

⑥ 测试资料。该部分应说明各项测试所需的资料。

(5) 评价。

① 范围。该部分应说明所完成的各项测试说明问题的范围及其局限性。

② 准则。该部分应说明评论测试结果的准则。

3.2.8 测试分析报告

(1) 引言。

① 编写目的。该部分应阐明编写测试分析报告的目的并指明读者对象。

② 项目背景。该部分应说明项目的来源、委托单位及主管部门。

③ 定义。该部分应列出测试分析报告中所用到的专门术语的定义和缩写词的原文。

④ 参考资料。该部分应列出有关资料的作者、标题、编号、发表日期、出版单位或来源，

可包括项目的计划任务书、合同或批文；项目开发计划；需求规格说明书；概要设计说明书；详细设计说明书；用户操作手册；测试计划；测试分析报告所引用的其他资料、采用的软件工程标准或工程规范。

（2）测试计划招待情况。

① 机构和人员。该部分应给出测试机构名称、负责人和参与测试人员名单。

② 测试结果。该部分应按顺序给出每一个测试项目的实测结果数据、与预期结果数据的偏差、该项测试表明的事实、进行该项测试发现的问题。

（3）软件需求测试结论。按顺序给出每一项需求测试的结论，包括证实的软件能力、局限性（即某项需求未得到充分测试的情况及原因）。

（4）评价。

① 软件能力。该部分应说明经过测试所表明的软件能力。

② 缺陷和限制。该部分应说明经过测试所发现的软件缺陷和不足，以及可能给软件运行带来的影响。

③ 建议。该部分应提出为弥补上述缺陷的建议。

④ 测试结论。该部分应说明能否通过。

3.2.9　开发进度月报

（1）报告时间及所处的开发阶段。

（2）工程进度。

① 本月内的主要活动。

② 实际进展与计划比较。

（3）所用工时。按不同层次人员分别计时。

（4）所用机时。按所用计算机机型分别计时。

（5）经费支出。分类列出本月经费支出项目，给出支出总额，并与计划相比较。

（6）工作中遇到的问题及采取的对策。

（7）本月完成的成果。

（8）下月的工作计划。

（9）特殊问题。

3.2.10　项目开发总结报告

（1）引言。

① 编写目的。该部分应阐明编写项目开发总结报告的目的并指明读者对象。

② 项目背景。该部分应说明项目的来源、委托单位、开发单位及主管部门。

③ 定义。该部分应列出项目开发总结报告中所用到的专门术语的定义和缩写词的原文。

④ 参考资料。该部分应列出有关资料的作者、标题、编号、发表日期、出版单位或来源，可包括项目的计划任务书、合同或批文；项目开发计划；需求规格说明书；概要设计说明书；详细设计说明书；用户操作手册；测试计划；测试分析报告；本报告引用的其他资料、采用的开发标准或开发规范。

（2）开发结果。

① 产品。该部分应列出各部分的程序名称、源程序行数（包括注释行）或目标程序字节数及程序总计数量、存储形式，以及产品文档名称等。

② 主要功能及性能。

③ 所用工时。该部分应按人员的不同层次分别计时。

④ 所用机时。该部分应按所用计算机机型分别计时。

⑤ 进度。该部分应给出计划进度与实际进度的对比。

⑥ 费用。

（3）评价。

① 生产率评价。例如平均每人每月编写的源程序行数、文档的字数等。

② 技术方案评价。

③ 产品质量评价。

④ 经验与教训。

3.2.11 项目维护手册

（1）引言。

① 编写目的。该部分应阐明编写项目维护手册的目的并指明读者对象。

② 项目背景。该部分应说明项目的提出者、开发者、用户和使用场所。

③ 定义。该部分应列出项目维护手册中所用到的专门术语的定义和缩写词的原文。

④ 参考资料。该部分应列出有关资料的作者、标题、编号、发表日期、出版单位或来源，以及保密级别，可包括用户操作手册、与本项目有关的其他文档。

（2）系统说明。

① 系统用途。该部分应说明系统具备的功能，以及输入和输出。

② 安全保密。该部分应说明对系统安全保密方面的考虑。

③ 总体说明。该部分应说明系统的总体功能，并对系统、子系统和作业做出综合性的介绍，同时用图表的方式给出系统主要部分的内部关系。

④ 程序说明。说明系统中每一程序、分程序的细节和特性。

例如对程序的说明，应阐述以下几个方面。

- 功能：说明程序的功能。
- 方法：说明实现方法。
- 输入：说明程序的输入、媒体、运行数据记录、运行开始时使用的输入数据的类型和存储单元、与程序初始化有关的入口要求。
- 处理：处理特点和目的。例如，用图表说明程序运行的逻辑流程；程序的主要转移条件；对程序的约束条件；程序结束时的出口要求；与下一个程序的通信与连接（运行、控制）；由该程序产生并处理程序段使用的输出数据类型和存储单元；程序运行存储量、类型及存储位置等。
- 输出：程序的输出。
- 接口：本程序与本系统其他部分的接口。
- 表格：说明程序内部的各种表、项的细节和特性。对每张表的说明至少包括表的标识符、使用目的；使用此表的其他程序；逻辑划分，如块或部，不包括表项；表的基本结构；设计安排，包括表的控制信息。

- 特有的运行性质：说明在用户操作手册中没有提到的运行性质。

（3）操作环境。

① 设备。该部分应逐项说明系统的设备配置及其特性。

② 支持软件。该部分应列出系统所使用的支持软件，包括它们的名称和版本号。

③ 数据库。该部分应说明每个数据库的性质和内容，包括安全考虑。

- 总体特征：如标识符、使用这些数据库的程序、静态数据、动态数据；数据库的存储媒体；程序使用数据库的限制。
- 结构及详细说明：

—说明该数据库的结构，包括其中的记录和项。

—说明记录的组成，包括首部或控制段、记录体。

—说明每个记录结构的字段，包括标记或标号、字段的字符长度和位数、字段的允许值范围。

—说明为记录追加字段的规定。

（4）维护过程。

① 约定。该部分应列出该软件系统设计中所使用的全部规则和约定，包括程序、分程序、记录、字段和存储区的标识或标号助记符的使用规则；图表的处理标准、卡片的连接顺序、语句和记号中使用的缩写、出现在图表中的符号名；使用的软件技术标准；标准化的数据元素及其特征。

② 验证过程。该部分应说明在一个程序段修改后，对其进行验证的要求和过程（包括测试程序和数据）及程序周期性验证的过程。

③ 出错及纠正方法。该部分应列出出错状态及其纠正方法。

④ 专门维护过程。该部分应说明文档其他地方没有提到的专门维护过程。例如，维护该软件系统的输入/输出部分（如数据库）的要求、过程和验证方法；运行程序库维护系统所必需的要求、过程和验证方法；对闰年、世纪变更所需要的临时性修改等。

⑤ 专用维护程序。该部分应列出维护软件系统使用的后备技术和专用程序（如文件恢复程序、淘汰过时文件的程序等）的目录，并加以说明。其内容包括维护作业的输入/输出要求；输入的详细过程及在硬设备上建立、运行并完成维护作业的操作步骤。

⑥ 程序清单和流程图。该部分应引用或提供附录给出程序清单和流程图。

3.2.12 项目问题报告

（1）登记号。由软件配置管理部门为该报告规定一个唯一的、顺序的编号。

（2）登记日期。软件配置管理部门登记该报告的日期。

（3）问题发现日期。发现该问题的日期和时间。

（4）活动。在哪个阶段发现的问题，分为单元测试、组装测试、确认测试和运行维护。

（5）状态。在软件配置记录中维护的动态指示，状态表示有正在复查"项目问题报告"，以确定采取什么行动；"项目问题报告"已由指定的人去处理；修改已完成，并经过测试，正准备交给主程序库；主程序库已经更新，主程序库修改的重新测试尚未完成；做了重新测试,问题再现;做了重新测试,所做的修改无故障,"项目问题报告"被关闭;留待以后关闭。

(6) 报告人。填写"项目问题报告"人员的姓名、地址、电话。

(7) 问题属于什么方面。区分是程序的问题,还是模块的问题,或是数据库的问题、文件的问题,也可能是它们的某种组合。

(8) 模块/子系统。出现的模块名。如果不知是哪个模块,可标出子系统名,尽量给出细节。

(9) 修订版本号。出现问题的模块版本。

(10) 磁带。包含有问题的模块的主程序库的磁带的标识符。

(11) 数据库。发现问题时所使用数据库的标识符。

(12) 文件号。有错误的文件的编号。

(13) 测试用例。发现错误时所使用测试用例的标识符。

(14) 硬件。发现错误时所使用的计算机系统的标识。

(15) 问题描述/影响。问题症兆的详细描述。如果可能,则写明实际问题所在,还要给出该问题对将来测试、接口软件和文件等的影响。

(16) 附注。记载补充信息。

3.2.13　项目修改报告

(1) 登记号。

由软件配置管理部门为该报告规定的编号。

(2) 登记日期。软件配置管理部门登记"项目修改报告"的日期。

(3) 时间。准备好"项目修改报告"的日期。

(4) 报告人。填写该报告的人。

(5) 子系统名。受修改影响的子系统名。

(6) 模块名。被修改的模块名。

(7) "项目问题报告"的编号。被"项目修改报告"处理或部分处理的"项目问题报告"的编号。如果某"项目问题报告"的问题只是被部分处理,则在编号后附以 p,例如 1234p。

(8) 修改。该部分包括程序修改、文件更新、数据库修改或它们的组合。

(9) 修改描述。修改的详细描述。如果是文件更新或数据库修改,还要列出文件更新通知或数据库修改申请的标识符。

(10) 批准人。批准人签字,正式批准进行修改。

(11) 语句类型。程序修改中涉及的语句类型,包括输入/输出语句类、计算语句类、逻辑控制语句类、数据处理语句类(如数据传送、存取语句类)。

(12) 程序名。被修改的程序、文件或数据库的名字。

(13) 老修订版。当前的版本/修订本标识。

(14) 新修订版。修改后的版本/修订本标识。

(15) 数据库。如果申请修改数据库,则给出数据库的标识符。

(16) 数据库修改报告。数据库修改申请号。

(17) 文件。如果要求对文件进行修改,则给出文件的名字。

(18) 文件更新。文件更新通知单的编号。

（19）修改是否已测试。指出已对修改做了哪些测试，如单元、子系统、组装、确认和运行测试等，并注明测试成功与否。

（20）"项目问题报告"是否给出问题的准确描述。回答"是"或"否"。

（21）问题注释。该部分应准确地叙述要维护的问题。

（22）问题源。该部分指明问题来自哪里，如软件需求说明书、设计说明书、数据库、源程序等。

（23）资源。该部分完成修改所需资源的估计，即总的人时数和计算机时间的开销。

第4章　在线图书销售管理系统

本章作为课程设计的案例，在 ASP. NET 环境中利用 C♯ 语言设计一个图书销售管理信息系统的简单应用程序。本案例涉及的功能比较少，有兴趣的读者可以在此基础上自行设计，增加一些其他的功能。

4.1　需 求 分 析

近几年来，计算机和网络技术有了快速的发展和应用，商业销售方式从传统的店铺经营逐步发展到网络经营，顾客购买方式也从店铺购买逐步发展到网上购物，在线图书销售管理系统也随着网上购物的"浪潮"应运而生。

4.1.1　系统现状

在线图书销售管理系统对于网上图书销售管理和图书购买是非常重要的，现在许多商业销售部门都有自己的销售管理系统。用户可以在因特网上查询自己所需要的购物信息，足不出户就可以了解各方面的信息，进行网上交易，再利用物流公司就可以达到远程购物的目的。用户通过远程登录图书销售管理系统，可以查询出自己所需要的图书的详细信息并提交购买信息，这样既方便了用户，同时也方便了销售人员的销售管理。

在线图书销售管理系统是因特网上最常见的销售管理系统之一，它的一个基本作用就是为图书销售部门提供所销售图书信息发布的平台。利用 ASP. NET 的 Web 开发平台，可以生成企业级 Web 应用程序所需的服务，提供一种新的编程模型和结构，用于生成更安全、可伸缩和稳定的应用程序。而使用 SQL Server 数据库，将减轻管理人员的工作量，使系统便于维护和管理。

4.1.2　用户需求

对于图书销售企业来说，利用现代计算机网络和通信技术、数据库技术，实现供应、销售等相关业务管理、共享数据资源，以及业务办理过程网络化、电子化，能够进一步畅通销售管理，大大提高工作效率。

在线图书销售管理系统利用因特网的优势实现在线图书销售管理，主要实现会员注册、会员信息管理、图书信息管理、订单信息管理等功能。

4.2 系统功能分析

根据图书销售的基本要求,本系统面向的用户分为管理员、普通用户和会员三类。管理员负责系统维护;普通用户只具有浏览网站的权限;会员则可以实现购买功能。为了使问题简单化,本课程设计只讨论管理员和会员两类用户。

4.2.1 系统功能概述

根据需求,本系统主要完成以下功能:

- 注册功能。该功能是为了让普通用户成为会员而设立的。
- 会员登录功能。会员登录后才可以实现利用购物车购买图书的功能。
- 购物车功能。若会员对某本图书感兴趣,可以将该图书放入自己的购物车,同超市中的购物车一样,目的是方便记载会员购买的商品信息。
- 图书信息查找功能。用户可以直接搜索所需的图书信息,当图书信息数量很多时,该项功能对用户来说是非常方便的。
- 个人中心。方便会员查看和修改个人信息。
- 图书信息分类列表。图书一般会有很多种,为了分门别类使得这项功能非常有用。当用户需要某种类型的图书时,只需要使用该功能就可以看到所有该类图书的信息。
- 订单查询功能。该项功能方便查询会员的所有订单情况,从而及时地将订单上的货物寄给会员。
- 添加修改图书信息。该功能是为了对网站图书信息进行维护而设立的。

根据不同的用户需求,本章所介绍的在线图书销售管理系统主要完成用户功能区和管理员功能区中的操作。

1. 用户功能区

根据需求,用户可以完成以下操作:

- 进行注册;
- 浏览图书信息;
- 查找图书信息;
- 选择购买图书信息;
- 提交购买图书订单信息;
- 修改个人资料信息;
- 填写意见信息。

2. 管理员功能区

根据需求,管理员可以完成以下操作:

- 浏览用户购买图书信息;
- 添加新图书信息;
- 修改、删除图书信息;
- 浏览用户意见信息;
- 核查购买图书费用信息。

4.2.2 系统功能模块设计

在线图书销售管理系统中的各功能模块如图 2.4.1 所示。

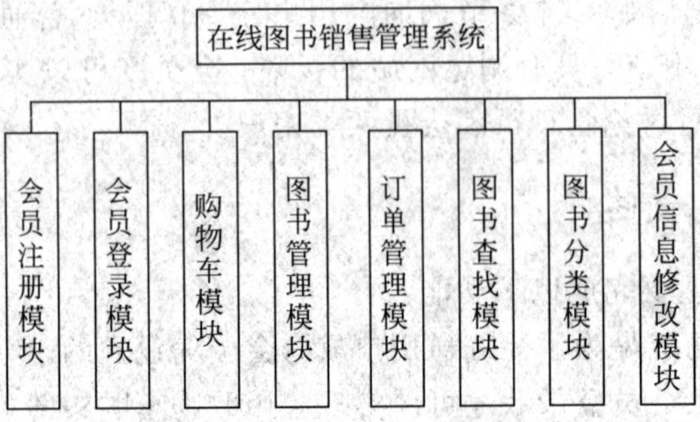

图 2.4.1 系统功能模块图

（1）会员注册模块：此模块要求购买图书者必须首先进行会员注册，成为本系统的合法用户。用户在注册模块中主要完成登录账号、登录密码、信用卡账号、信用卡密码、姓名、身份证号、性别、家庭地址、联系电话和手机号等初始信息的填写。

（2）会员登录模块：此模块包括会员登录和检查会员登录信息功能，主要负责根据用户所输入的登录账号和登录密码判断该用户是否合法。

（3）购物车模块：此模块的功能是将会员的购书信息放入到购物车中，其中包括购物车编号、书名、每种书的数量、购买日期、每种书的总价、图书单价、国际标准书号、电子邮箱（会员账号）。

（4）图书管理模块：此模块的功能是系统管理员在后台对新进图书信息的添加、对图书信息的修改和对废除图书信息的删除。

（5）订单管理模块：此模块的功能是管理员通过查看会员的订单，了解会员的购书信息，从而及时地将图书邮寄给相应会员。

（6）图书查找模块：此模块的功能是用户通过访问图书信息表，快速查询到自己感兴趣的图书信息。

（7）图书分类模块：此模块的功能是用户按分类查询图书信息表中的图书信息，如"人文社科类"、"自然科学类"、"艺术美育类"等。

（8）会员信息修改模块：此模块的功能是会员登录系统后修改自己的信息。

该系统的主要功能如下：

- 管理员负责整个系统的后台管理。
- 管理员添加、修改和删除图书信息的功能。
- 会员查询指定图书信息的功能。
- 会员购买图书信息的提交功能。
- 管理员/会员退出系统的功能。

该系统主要分为两大功能模块。

1. 前台系统功能模块

前台系统功能模块主要涉及会员操作，会员负责整个系统的前台操作，如图 2.4.2 所示。

2. 后台系统功能模块

后台系统功能模块主要涉及管理员操作，管理员负责整个系统的后台管理，如图 2.4.3 所示。

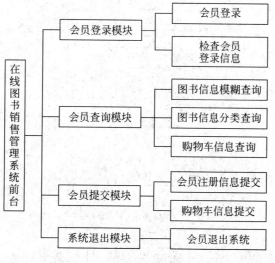

图 2.4.2　前台系统功能模块图

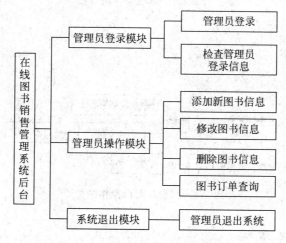

图 2.4.3　后台系统功能模块图

4.3　系统总体设计

系统总体设计是指关于对象系统的总体机能以及和其他系统的相关方面的设计,也包括基本环境要求、用户界面的基本要求等。

4.3.1　系统总体流程图

通过会员的前台操作和管理员的后台操作来完成在线图书销售管理系统的总体结构流程。系统总体流程如图 2.4.4 所示。

4.3.2　前台系统结构

会员前台操作主要完成用户登录、浏览图书、购买图书的流程信息,其结构如图 2.4.5 所示。

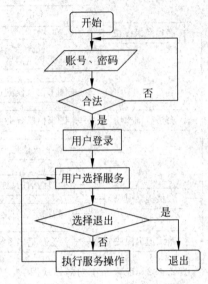

图 2.4.4   系统总体流程图

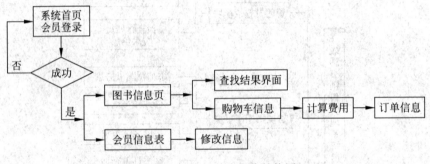

图 2.4.5   会员前台操作结构图

4.3.3   后台系统结构

管理员后台操作主要完成管理员登录、添加新图书信息、删除旧图书信息、查询订书单信息和查看意见箱信息,其结构如图 2.4.6 所示。

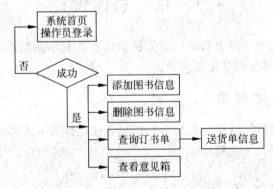

图 2.4.6   管理员后台操作结构图

4.4　数据库设计

数据库设计是指根据用户的需求,在某一具体的数据库管理系统上设计数据库的结构和建立数据库的过程。

4.4.1　数据库的概念设计

数据库的概念设计指根据概念结构设计的步骤,先进行局部概念设计,然后对各个局部概念进行综合。

1. 局部概念设计

局部概念设计需确定系统的局部概念设计范围。为讨论方便,在此只给出各个实体的局部 E-R 模型,如图 2.4.7 所示。

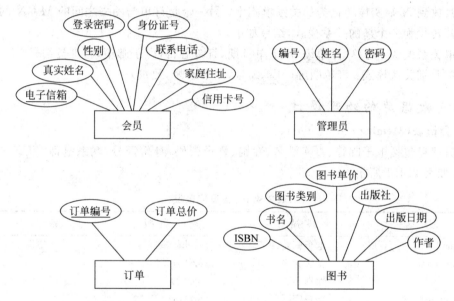

图 2.4.7　各个实体的局部 E-R 模型

2. 全局概念结构设计

综合各实体的局部 E-R 模型图形成如图 2.4.8 所示的全局 E-R 图。

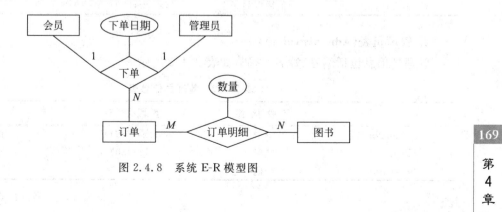

图 2.4.8　系统 E-R 模型图

4.4.2 数据库的逻辑设计

数据库的逻辑设计指将概念设计阶段设计的 E-R 模型转化为关系模式,可分为两个步骤进行。

1. 将实体转化为关系模式

(1) 会员关系模式为会员(电子邮箱,真实姓名,性别,登录密码,身份证号,联系电话,家庭住址,信用卡号)。

(2) 管理员关系模式为管理员(编号,姓名,密码)。

(3) 订单关系模式为订单(订单编号,下单日期,订单总价)。

(4) 图书关系模式为图书(ISBN,图书名,图书类别,图书单价,出版社,出版日期,作者)。

2. 将联系转化为关系模式

在概念设计阶段共设计了两个联系,一个是下单联系,它是一个 $1:1:M$ 的三元联系,可以将其放到 N 端实体转化为的关系模式上;另一个是订单与图书之间的 $M:N$ 的联系,必须将其转化为一个新的关系模式,结果如下。

订单关系模式:订单(订单编号,下单日期,订单总价,电子邮箱,管理员编号)

订单明细关系模式:订单明细(订单编号,图书编号,数量)

4.4.3 数据库的物理设计

1. 会员表(Member)

会员信息包括电子邮箱、真实姓名、性别、登录密码、身份证号、联系电话、家庭住址、信用卡号,如表 2.4.1 所示。

表 2.4.1　会员信息表

字 段 名	字 段 描 述	字 段 类 型	备 注
E-mail	电子邮箱	varchar(50)	主键
TrueName	真实姓名	varchar(20)	
Sex	性别	char(2)	
Password	登录密码	varchar(20)	
IDNumber	身份证号	varchar(20)	
Telephone	联系电话	varchar(15)	
Address	家庭住址	varchar(50)	
CreditCard	信用卡号	varchar(50)	

2. 管理员表(Administrator)

管理员信息包括编号、姓名、密码,如表 2.4.2 所示。

表 2.4.2　管理员信息表

字 段 名	字 段 描 述	字 段 类 型	备 注
AdminNo	编号	varchar(20)	主键
Name	姓名	varchar(20)	
Password	密码	varchar(20)	

3. 图书表（Book）

图书信息包括 ISBN、图书名、图书类别、图书单价、出版社、出版日期、作者，如表 2.4.3 所示。

表 2.4.3　图书信息表

字　段　名	字　段　描　述	字　段　类　型	备　　注
ISBN	ISBN	varchar(50)	主键
BookName	图书名	varchar(50)	
BookType	图书类别	varchar(20)	
BookPrice	图书单价	float	
Publisher	出版社	varchar(50)	
PublishDate	出版日期	datetime	
Author	作者	varchar(20)	

4. 订单表（Order）

订单信息包括订单编号、下单日期、订单总价、电子邮箱，管理员编号，如表 2.4.4 所示。

表 2.4.4　订单信息表

字　段　名	字　段　描　述	字　段　类　型	备　　注
OrderID	订单编号	int	主键，标识，从 1000 开始
OrderDate	下单日期	datetime	
E-mail	电子邮箱	varchar(50)	外键，标识客户
AdminNo	管理员编号	varchar(20)	外键，标识管理员
OrderTotal	订单总价	float	

5. 订单明细表（OrderDetail）

订单明细信息包括订单明细编号、订单编号、ISBN、数量，如表 2.4.5 所示。

表 2.4.5　订单明细信息表

字　段　名	字　段　描　述	字　段　类　型	备　　注
OrderDetailID	订单明细编号	int	主键，标识，从 1 开始
OrderID	订单编号	int	外键
ISBN	ISBN	varchar(50)	外键
Amount	数量	int	

4.5　应用程序设计

本书介绍利用应用程序设计用户界面和访问数据库，用户界面是用户控制和使用系统的工具和手段，友好、易用的用户界面有助于用户对数据库中的数据进行操作。

4.5.1　系统设计总体思路

在线图书销售管理系统采用多层结构实现，所有数据访问层代码放在 DataAccess 目录下,所有业务层代码放在 Business 目录下,所有表示层放在 UI 目录下。

本系统的页面设计采用层叠样式表(CSS),在本系统中,所有页面共同调用一个 CSS 文件。该文件放在 CSS 目录下,文件名为 Style. css,其代码如下:

```css
.bolder{font-weight: bolder;}
.red{color: #FF0000;}
.left{text-align: left;}
.center{text-align: center;}
.right{text-align: right;}
.header{background-color: #EEEEEE;height: 30px;}
/* Table */
table.t01{width: 800px; border: 1px solid #a0a0a0; background-color: #dfe8f7; border-collapse: collapse;}
table.t02{width: 400px; border: 1px solid #a0a0a0; background-color: #dfe8f7; border-collapse: collapse;}
/* TD */
td{padding: 3px;border: 1px solid #a0a0a0;}
td.td100{width: 100px;padding: 3px;border: 1px solid #a0a0a0;}
td.td300{width: 300px;padding: 3px;border: 1px solid #a0a0a0;}
td.td03{width: 30%;text-align: right;padding: 3px;border: 1px solid #a0a0a0;}
td.td07{width: 70%;text-align: left;padding: 3px;border: 1px solid #a0a0a0;}
input.bu01{height: 24px;width: 75px;text-align: center;}
input.in01{border: #ffffff outset;font-size: 12px;width: 98%;border-width: 0px 0px 1px 0px;
background-color: #dfe8f7;text-align: left;}
input.in02{border: #ffffff outset;font-size: 12px;width: 200px;border-width: 0px 0px 1px
0px;background-color: #dfe8f7;text-align: left;}
A:link{color: #0000ff;border: 0;text-decoration: none;text-align: left;}
A:visited{color: #0000ff;border: 0;text-decoration: none;text-align: left;}
A:active{color: #ff0000;border: 0;text-decoration: none;text-align: left;}
A:hover{color: #ff0000;border: 0;text-decoration: none;text-align: left;}
A.a01:link{color: #0000ff;border: 0;text-decoration: none;text-align: left;}
A.a01:visited{color: #0000ff;border: 0;text-decoration: none;text-align: left;}
A.a01:active{color: #ff0000;border: 0;text-decoration: none;text-align: left;}
A.a01:hover{color: #ff0000;border: 0;text-decoration: none;text-align: left;}
p.p01{margin: 4 0 8 0;text-align: center;}
```

系统多次在页面中弹出对话框,在 ASP. NET 中未提供这个功能,为此我们扩展了 Page 类,使 Page 具有弹出对话框的功能。该扩展类放在 Util 目录下,其代码如下:

```csharp
namespace BookSales.Util
{
    public static class PageExtensions
    {
        ///<summary>
        ///服务器端弹出 alert 对话框
        ///</summary>
        ///<param name = "str_Message">提示信息,例子: "请输入您的姓名!"</param>
        ///<param name = "page">Page 类</param>
        public static void Alert(this Page page, string str_Message)
        {
```

```
    page.ClientScript.RegisterStartupScript(page.GetType(), "", "<script>alert('" + str_
Message + "');</script>");
}


    ///<summary>
    ///服务器端弹出 alert 对话框
    ///</summary>
    ///<param name = "str_Message">提示信息,例子: "请输入您的姓名!"</param>
    ///<param name = "str_CtlNameOrPageUrl">获得焦点控件 ID 值,比如 txt_Name,或者将要跳转的
页面</param>
    ///<param name = "page"> Page 类</param>
    public static void Alert(this Page page, string str_Message, string str_CtlNameOrPageUrl)
    {
        if (str_CtlNameOrPageUrl.IndexOf(".") >= 0)
        {
//如果 str_CtlNameOrPageUrl 里有 . 说明为地址
    page.ClientScript.RegisterStartupScript(page.GetType(), "", "<script>alert('" + str_
Message + "');self.location = '" + str_CtlNameOrPageUrl + "';</script>");
        }
        else
        {
    page.ClientScript.RegisterStartupScript(page.GetType(), "", "<script>alert('" + str_
Message + "');document.forms(0)." + str_CtlNameOrPageUrl + ".focus(); document.forms(0)."
 + str_CtlNameOrPageUrl + ".select();</script>");
        }
    }
    }
    }
```

系统提供了访问数据库的通用类,放在 DataAccess 目录下的 SqlHelper.cs 文件中,其代码如下:

```
public class SqlHelper
{
    static string strConn;
    static SqlHelper()
    {
strConn = System.Configuration.ConfigurationManager.ConnectionStrings["strConn"].ConnectionString;
    }
    ///<summary>
    ///执行更新语句
    ///</summary>
    ///<param name = "strSql"></param>
    ///<returns></returns>
    public static void ExecuteNonQuery(string strSql)
    {
        SqlConnection objConn = new SqlConnection(strConn);
        SqlCommand objCmd = new SqlCommand(strSql, objConn);
        try
        {
        objConn.Open();
```

```
                objCmd.ExecuteNonQuery();
            }
            catch (Exception e)
            {
                throw e;
            }
            finally
            {
                objCmd.Dispose();
                objCmd = null;
                objConn.Close();
                objConn = null;
            }
        }
        ///< summary >
        ///查找单个数据
        ///</ summary >
        ///< param name = "strSql"></ param >
        ///< returns ></ returns >
        public static object ExecuteScalar(string strSql)
        {
            object ret = null;
            SqlConnection objConn = new SqlConnection(strConn);
            SqlCommand objCmd = new SqlCommand(strSql, objConn);
            try
            {
                objConn.Open();
                        ret = objCmd.ExecuteScalar();
            }
            catch (Exception e)
            {
                throw e;
            }
            finally
            {
                objCmd.Dispose();
                objCmd = null;
                objConn.Close();
                objConn = null;
            }
            return ret;
        }

        ///< summary >
        ///返回数据集
        ///</ summary >
        ///< param name = "strSql"></ param >
        ///< returns ></ returns >
        public static DataSet ExecuteDataSet(string strSql)
        {
        SqlConnection objConn = new SqlConnection(strConn);
```

```
SqlDataAdapter objCmd = new SqlDataAdapter(strSql, objConn);
DataSet ds = new DataSet();
try
{
    objConn.Open();
        objCmd.Fill(ds);
}
catch (Exception e)
{
    throw e;
}
finally
{
    objCmd.Dispose();
    objCmd = null;
    objConn.Close();
    objConn = null;
}
return ds;
    }
}
```

4.5.2 会员注册模块

该系统提供了会员注册功能,只有注册会员才能在系统中购物。会员在注册时需要填写电子邮箱、真实姓名、性别、登录密码、身份证号、联系电话、家庭住址、信用卡号等信息,如图 2.4.9 所示,所有信息填写完成后单击"确定"按钮即可完成会员注册,会员注册完成后系统将自动跳转到会员登录窗口。

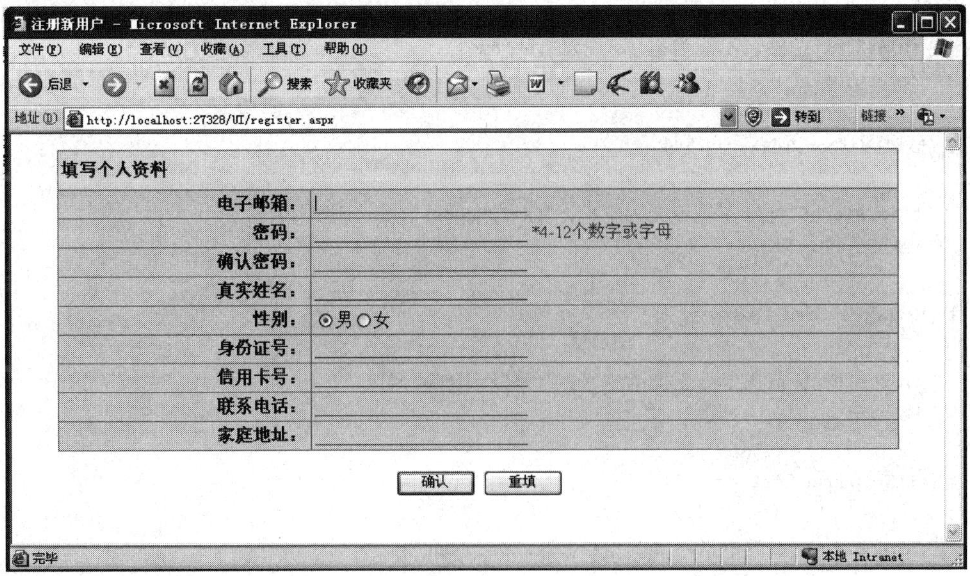

图 2.4.9 用户注册

其代码如下：

```csharp
///< summary >
///确定注册
///</ summary >
protected void btnConfirm_Click(object sender, EventArgs e)
{
//首先验证信息输入是否完整
if (this.txtEmail.Text == "")
{
    this.Alert("邮箱不能为空!", "txtEmail");
    return;
}
if (txtPassword.Text == "")
{
    this.Alert("密码不能为空!", "txtPassword");
    return;
}
if (txtPassword.Text.Length < 4)
{
    this.Alert("密码太短,请重新设置!", "txtPassword");
    return;
}
if (txtPassword2.Text == "")
{
    this.Alert("确认密码不能为空!", "txtPassword2");
    return;
}
if (txtTrueName.Text == "")
{
    this.Alert("姓名不能为空!", "txtTrueName");
    return;
}
if (txtIDNumber.Text == "")
{
    this.Alert("身份证号不能为空!", "txtIDNumber");
    return;
}
if (txtCreditCard.Text == "")
{
    this.Alert("信用卡号不能为空!", "txtCreditCard");
    return;
}
if (txtTelephone.Text == "")
{
    this.Alert("联系电话不能为空!", "txtTelephone");
    return;
}
if (txtAddress.Text == "")
```

```
    {
        this.Alert("家庭地址不能为空!", "txtAddress");
        return;
    }

Member m = new Member();
m.Email = this.txtEmail.Text.Trim();
m.TrueName = this.txtTrueName.Text.Trim();
m.Sex = this.rblSex.SelectedValue;
m.Password = this.txtPassword.Text.Trim();
m.IDNumber = this.txtIDNumber.Text.Trim();
m.Telephone = this.txtTelephone.Text.Trim();
m.Address = this.txtAddress.Text.Trim ();
m.CreditCard = this.txtCreditCard.Text.Trim();

MemberDAO md = new MemberDAO();
try
{
    md.Insert(m);
    this.Alert("注册成功,确定跳转到会员登录窗口.", "Login.aspx");
}
catch(Exception)
{
    this.Alert("输入信息有误,请重新输入!", "txtEmail");
}
}
```

注册方法中用到的 Member 类的定义如下:

```
namespace BookSales.Business
{
    public class Member
    {
        private string _Email;
        private string _TrueName;
        private string _Sex;
        private string _Password;
        private string _IDNumber;
        private string _Telephone;
        private string _Address;
        private string _CreditCard;

        ///<summary>
        ///添加会员语句
        ///</summary>
        public string SqlInsert
        {
            get
            {
                return "Insert into Member Values ('" + this._Email
```

```
                    + "','" + this._TrueName
                    + "','" + this._Sex
                    + "','" + this._Password
                    + "','" + this._IDNumber
                    + "','" + this._Telephone
                    + "','" + this._Address
                    + "','" + this._CreditCard + "')";
        }
    }

    ///<summary>
    ///修改会员语句
    ///</summary>
    public string SqlUpdate
    {
        get
        {
            return "Update Member Set TrueName = '" + this._TrueName
                + "',Sex = '" + this._Sex
                + "', [Password] = '" + this._Password
                + "', IDNumber = '" + this._IDNumber
                + "',Telephone = '" + this._Telephone
                + "',Address = '" + this._Address
                + "', CreditCard = '" + this._CreditCard
                + "' Where Email = '" + this._Email + "'";
        }
    }

    public Member()
    {
    }

    public string Email
    {
        get
        {
            return this._Email;
        }
        set
        {
            this._Email = value;
        }
    }

    public string TrueName
    {
        get
        {
            return this._TrueName;
        }
        set
```

```csharp
        {
            this._TrueName = value;
        }
    }

    public string Sex
    {
        get
        {
            return this._Sex;
        }
        set
        {
            this._Sex = value;
        }
    }

    public string Password
    {
        get
        {
            return this._Password;
        }
        set
        {
            this._Password = value;
        }
    }

    public string IDNumber
    {
        get
        {
            return this._IDNumber;
        }
        set
        {
            this._IDNumber = value;
        }
    }

    public string Telephone
    {
        get
        {
            return this._Telephone;
        }
        set
        {
            this._Telephone = value;
        }
```

```
        }

        public string Address
        {
            get
            {
                return this._Address;
            }
            set
            {
                this._Address = value;
            }
        }
        public string CreditCard
        {
            get
            {
                return this._CreditCard;
            }
            set
            {
                this._CreditCard = value;
            }
        }
    }
}
```

MemberDAO 类的 Insert 方法的定义如下：

```
///< summary >
///添加一个会员
///</ summary >
///< param name = "m"></ param >
public void Insert(Member m)
{
    try
    {
        SqlHelper.ExecuteNonQuery(m.SqlInsert);
    }
    catch (Exception e)
    {
        throw e;
    }
}
```

4.5.3 会员登录模块

该系统提供了会员登录功能，只有登录到系统中的会员才可以购书，会员登录窗口如图 2.4.10 所示。

会员登录模块的代码如下：

```
///< summary >
///登录系统
///</ summary >
protected void btnLogin_Click(object sender, EventArgs e)
{
if (txtAcount. Text == "")
{
    this. Alert("账号不能为空!", "txtAcount");
    return;
}
if (txtPassword. Text == "")
{
    this. Alert("密码不能为空!", "txtPassword");
    return;
}
MemberDAO md = new MemberDAO();
Member m = md. GetMember(this. txtAcount. Text. Trim(), this. txtPassword. Text. Trim());
if (m == null)
{
    this. Alert("用户名或密码错误!", "txtAcount");
}
else
{
    Session["User"] = m;
    Response. Redirect("usercenter.aspx");
}
}
```

图 2.4.10　会员登录

登录成功后,系统将用户信息写入 Session,并跳转到用户中心窗口,如图 2.4.11 所示。

用户中心中提供了修改个人信息和修改密码的功能,其界面如图 2.4.12 和图 2.4.13 所示。由于这两个功能的代码较简单,在本书中就不列出了。

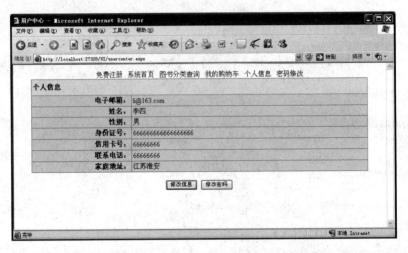

图 2.4.11　用户中心

图 2.4.12　修改个人信息

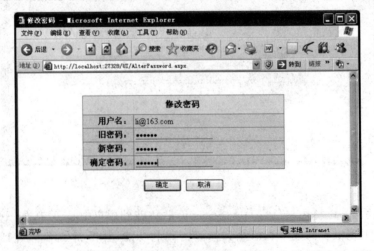

图 2.4.13　修改密码

4.5.4 系统首页

系统首页列出了所有在售图书(如图2.4.14),用户也可以按书名查找(支持模糊查询)需要的图书,找到需要的图书后单击该书的链接可以打开该书的详细信息(如图2.4.15所示),并可将该书添加到自己的购物车中。

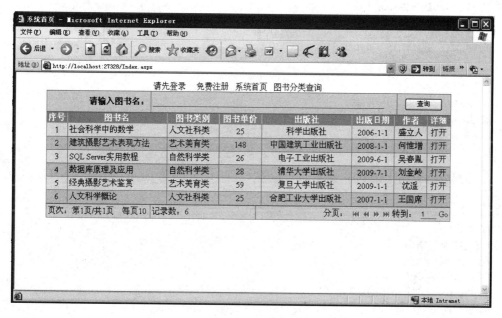

图 2.4.14　系统首页

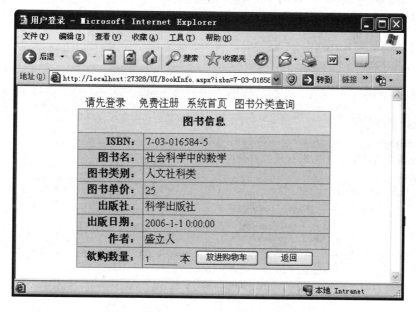

图 2.4.15　图书详细信息

数据绑定代码如下:

```
private void Bind(string bookname)
{
BookDAO bd = new BookDAO();
List < Book > lb;
if (string.IsNullOrEmpty(bookname))
{
    lb = bd.GetBooks();
}
else
{
    lb = bd.GetBooks(bookname);
}
GridView1.DataSource = lb;
GridView1.DataBind();
ShowStats(lb.Count);
}
```

在数据绑定方法中用到了 BookDAO 类中的 GetBooks 方法,该方法在 BookDAO 中提供了重载,其实现如下:

```
///< summary >
///查找所有图书
///</ summary >
///< returns ></ returns >
public List < Book > GetBooks()
{
    List < Book > lb = new List < Book >();
    strSql = "select * from Book";
    DataSet ds = SqlHelper.ExecuteDataSet(strSql);
    foreach (DataRow dr in ds.Tables[0].Rows)
    {
        Book b = RowToObject(dr);
        lb.Add(b);
    }
    return lb;
}


///< summary >
///查找所有满足条件的图书,提供模糊查找功能
///</ summary >
///< returns ></ returns >
public List < Book > GetBooks(string bookname)
{
    List < Book > lb = new List < Book >();
    strSql = "select * from Book where BookName like '%" + bookname + "%'";
    DataSet ds = SqlHelper.ExecuteDataSet(strSql);
    foreach (DataRow dr in ds.Tables[0].Rows)
    {
        Book b = RowToObject(dr);
        lb.Add(b);
    }
```

```
        return lb;
    }
```

RowToObject 方法将一行数据信息转换为一个 Book 对象,使系统完全面向对象实现(在其他表中也有相同的方法,在此不再单独介绍),其代码如下:

```
///<summary>
///将一行数据信息转换为一本图书的信息
///</summary>
///<param name="dr"></param>
///<returns></returns>
private Book RowToObject(DataRow dr)
{
    Book b = new Book();
    b.ISBN = dr["ISBN"].ToString();
    b.BookName = dr["BookName"].ToString();
    b.BookType = dr["BookType"].ToString();
    b.BookPrice = Double.Parse(dr["BookPrice"].ToString());
    b.Publisher = dr["Publisher"].ToString();
    b.PublishDate = DateTime.Parse(dr["PublishDate"].ToString());
    b.Author = dr["Author"].ToString();
    return b;
}
```

系统中使用的 Book 类与 Book 表的结构完全相同,为 Book 表的抽象,其代码如下:

```
public class Book
{
    private string _ISBN;
    private string _BookName;
    private string _BookType;
    private System.Nullable<double> _BookPrice;
    private string _Publisher;
    private System.Nullable<System.DateTime> _PublishDate;
    private string _Author;

    public Book()
    {
    }

    ///<summary>
    ///添加图书语句
    ///</summary>
    public string SqlInsert
    {
        get
        {
            return "Insert into Book Values ('" + this._ISBN
                + "','" + this._BookName
                + "','" + this._BookType
                + "','" + this._BookPrice
```

```csharp
                + "','" + this._Publisher
                + "','" + this._PublishDate
                + "','" + this._Author + "') ";
        }
    }


    ///<summary>
    ///修改图书语句
    ///</summary>
    public string SqlUpdate
    {
        get
        {
            return "Update Book Set BookName = '" + this._BookName
                + "',BookType = '" + this._BookType
                + "', BookPrice = '" + this._BookPrice.ToString()
                + "', Publisher = '" + this._Publisher
                + "',PublishDate = '" + this._PublishDate.ToString()
                + "', Author = '" + this._Author
                + "'Where ISBN = '" + this._ISBN + "'";
        }
    }


    public string ISBN
    {
        get
        {
            return this._ISBN;
        }
        set
        {
            this._ISBN = value;
        }
    }


    public string BookName
    {
        get
        {
            return this._BookName;
        }
        set
        {
            this._BookName = value;
        }
    }


    public string BookType
    {
        get
        {
```

```csharp
                return this._BookType;
        }
        set
        {
                this._BookType = value;
        }
}

public System.Nullable<double> BookPrice
{
        get
        {
                return this._BookPrice;
        }
        set
        {
                this._BookPrice = value;
        }
}

public string Publisher
{
        get
        {
                return this._Publisher;
        }
        set
        {
                this._Publisher = value;
        }
}

public System.Nullable<System.DateTime> PublishDate
{
        get
        {
                return this._PublishDate;
        }
        set
        {
                this._PublishDate = value;
        }
}

public string Author
{
        get
        {
                return this._Author;
        }
        set
```

```
            {
                this._Author = value;
            }
        }
    }
```

如果会员需要购买图 2.4.15 中查询的图书,输入欲购数量(默认为 1),然后单击"放进购物车"按钮即可。

4.5.5 购物车模块

会员可以查看自己的购物车(如图 2.4.16 所示),在购物车模块中,会员可以移除购物车中的图书,也可以单击"确定购买"按钮生成订单。

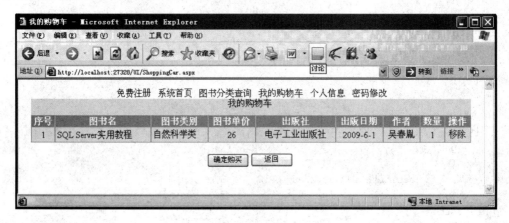

图 2.4.16 购物车查看页面

购物车模块的代码如下:

```
protected void Page_Load(object sender, EventArgs e)
{
    if (!this.IsPostBack)
    {
        BindData();
    }
}

private void BindData()
{
    List < Shopping > ls = (List < Shopping >)Session["Cart"];
    this.GridView1.DataSource = ls;
    this.DataBind();
}

protected void GridView1_RowCommand(object sender, GridViewCommandEventArgs e)
{
    try
    {
        int index = Convert.ToInt32(e.CommandArgument);
```

```
                string isbn = GridView1.DataKeys[index].Value.ToString();
                switch (e.CommandName)
                {
                    case "Del":
                List<Shopping> ls = (List<Shopping>)Session["Cart"];
                foreach (Shopping s in ls)
                {
                    if (s.ISBN.Equals(isbn))
                    {
                      ls.Remove(s);
                      Session["Cart"] = ls;
                      break;
                    }
                }
                BindData();
                break;
                }
        }
        catch (Exception)
        {
        }
}


protected void GridView1_RowDataBound(object sender, GridViewRowEventArgs e)
{
    //如果是绑定数据行
    if (e.Row.RowType == DataControlRowType.DataRow)
    {
            if (e.Row.RowState == DataControlRowState.Normal || e.Row.RowState ==
DataControlRowState.Alternate)
        {

    ((LinkButton)e.Row.Cells[8].Controls[0]).Attributes.Add("onclick", "javascript:return
confirm('你确认要移除: " + e.Row.Cells[1].Text + "吗?')");
        }
    }

}


///<summary>
///结算,将放到购物车中的物品
///</summary>
protected void btnPayment_Click(object sender, EventArgs e)
{
    OrderDAO od = new OrderDAO();
    List<Shopping> ls = (List<Shopping>)Session["Cart"];
    double total = 0.0;
    foreach (Shopping s in ls)
    {
        total += (double)s.BookPrice * s.Amount;
    }
```

```
//首先放入订单表
Order o = new Order();
o.AdminNo = "";
o.Email = ((Member)Session["User"]).Email;
o.OrderDate = DateTime.Now;
o.OrderTotal = total;
int orderId = od.Insert(o);
//然后放入订单明细表
od.InsertOrderDetail(ls, orderId);

this.Alert("下单完成,请到收银台付款,请记住您的订单号为: " + orderId,"../Index.
aspx");
Session["Cart"] = null;
}
```

4.5.6　管理员登录模块

管理员需要管理系统中的图书和订单,在使用这些功能之前,管理员需要登录系统,其
界面如图 2.4.17 所示。

图 2.4.17　管理员登录

管理员登录模块的代码如下:

```
///<summary>
///登录系统
///</summary>
protected void btnLogin_Click(object sender, EventArgs e)
{
    AdministratorDAO ad = new AdministratorDAO();
    Administrator a =
    ad.GetAdministrator(this.txtAcount.Text.Trim(), this.txtPassword.Text.Trim());
if (a == null)
{
    this.Alert("用户名或密码错误!", "txtAcount");
}
else
```

```
        {
            Session["Admin"] = a;
            Response.Redirect("OrderList.aspx");
        }
    }
```

管理员登录成功后,系统会将管理员信息写入 Session,同时登录到订单管理模块。

4.5.7 图书管理模块

该系统提供了图书管理功能,如图 2.4.18 所示。在该模块中列出了所有在售图书,并提供了对图书的添加、修改、删除与查询功能。单击"添加新书"按钮,将跳转到添加新书页面(如图 2.4.19 所示),单击"修改"链接,将跳转到修改图书页面;单击"删除"链接,将弹出警告对话框让管理员确认是否删除该图书。

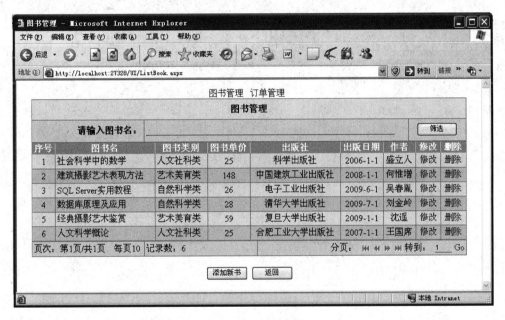

图 2.4.18 图书管理

图书管理模块的代码如下:

```
protected void Page_Load(object sender, EventArgs e)
{
    if (!this.IsPostBack)
    {
        Bind("");
    }
}

private void Bind(string bookname)
{

    BookDAO bd = new BookDAO();
    List < Book > lb;
```

在线图书销售管理系统

```
        if (string.IsNullOrEmpty(bookname))
        {
            lb = bd.GetBooks();
        }
        else
        {
            lb = bd.GetBooks(bookname);
        }
        GridView1.DataSource = lb;
        GridView1.DataBind();
    }

    protected void GridView1_RowCommand(object sender, GridViewCommandEventArgs e)
    {
        try
        {
            int index = Convert.ToInt32(e.CommandArgument);
            string isbn = GridView1.DataKeys[index].Value.ToString();
            switch (e.CommandName)
            {
                case "Alter":
                //修改一本书
                Response.Redirect("AddBook.aspx?isbn=" + isbn);
                break;
                    case "Del":
                //删除一本书
                try
                {
                    BookDAO bd = new BookDAO();
                    bd.Delete(isbn);
                    Bind("");
                }
                catch
                {
                    this.Alert("删除出错,请查找原因.");
                }
                break;
                }
        }
        catch (Exception)
        {
        }
    }
    protected void GridView1_RowDataBound(object sender, GridViewRowEventArgs e)
    {
        //如果是绑定数据行
        if (e.Row.RowType == DataControlRowType.DataRow)
        {
            if (e.Row.RowState == DataControlRowState.Normal || e.Row.RowState ==
DataControlRowState.Alternate)
```

```
        {
            ((LinkButton)e.Row.Cells[8].Controls[0]).Attributes.Add("onclick", "javascript:
return confirm('你确认要删除: " + e.Row.Cells[1].Text + "吗?')");
        }
    }
}


//模糊查询代码
protected void BtnFilter_Click(object sender, EventArgs e)
{
    Bind(txtBookName.Text.Trim());
}
```

图书管理模块中使用的 BookDAO 类的定义如下:

```
namespace BookSales.DataAccess
{
    public class BookDAO
    {
        private string strSql;

        public BookDAO()
        {
        }

        ///<summary>
        ///添加一本图书
        ///</summary>
        ///<param name = "m"></param>
        public void Insert(Book b)
        {
            try
            {
                SqlHelper.ExecuteNonQuery(b.SqlInsert);
            }
            catch (Exception e)
            {
                throw e;
            }
        }

        ///<summary>
        ///修改图书信息
        ///</summary>
        ///<param name = "m"></param>
        public void Update(Book b)
        {
            try
            {
                SqlHelper.ExecuteNonQuery(b.SqlUpdate);
            }
```

```
        catch (Exception e)
        {
            throw e;
        }
    }


    ///< summary >
    ///删除一本图书
    ///</ summary >
    ///< param name = "email"></ param >
    public void Delete(string isbn)
    {
        strSql = "delete from Book Where ISBN = '" + isbn + "'";
        try
        {
            SqlHelper.ExecuteNonQuery(strSql);
        }
        catch (Exception e)
        {
            throw e;
        }
    }


    ///< summary >
    ///查找一本图书
    ///</ summary >
    ///< param name = "email"></ param >
    ///< returns ></ returns >
    public Book GetBook(string isbn)
    {
        strSql = "select * from Book Where ISBN = '" + isbn + "'";
        DataSet ds = SqlHelper.ExecuteDataSet(strSql);
        if (ds != null && ds.Tables[0].Rows.Count != 0)
        {
            Book m = RowToObject(ds.Tables[0].Rows[0]);
            return m;
        }
        else
        {
            return null;
        }
    }


    ///< summary >
    ///查找所有图书
    ///</ summary >
    ///< returns ></ returns >
    public List < Book > GetBooks()
    {
        List < Book > lb = new List < Book >();
        strSql = "select * from Book";
```

```
        DataSet ds = SqlHelper.ExecuteDataSet(strSql);
        foreach (DataRow dr in ds.Tables[0].Rows)
        {
            Book b = RowToObject(dr);
            lb.Add(b);
        }
        return lb;
    }


    ///<summary>
    ///查找所有满足条件的图书
    ///</summary>
    ///<returns></returns>
    public List<Book> GetBooks(string bookname)
    {
        List<Book> lb = new List<Book>();
        strSql = "select * from Book where BookName like '%" + bookname + "%'";
        DataSet ds = SqlHelper.ExecuteDataSet(strSql);
        foreach (DataRow dr in ds.Tables[0].Rows)
        {
            Book b = RowToObject(dr);
            lb.Add(b);
        }
        return lb;
    }


    ///<summary>
    ///查找某类别图书
    ///</summary>
    ///<returns></returns>
    public List<Book> GetBooksByType(string types)
    {
        List<Book> lb = new List<Book>();
        strSql = "select * from Book Where BookType in (" + types + ")";
        DataSet ds = SqlHelper.ExecuteDataSet(strSql);
        foreach (DataRow dr in ds.Tables[0].Rows)
        {
            Book b = RowToObject(dr);
            lb.Add(b);
        }
        return lb;
    }


    ///<summary>
    ///将一行数据信息转换为一本图书的信息
    ///</summary>
    ///<param name="dr"></param>
    ///<returns></returns>
    private Book RowToObject(DataRow dr)
    {
        Book b = new Book();
```

```
                b.ISBN = dr["ISBN"].ToString();
                b.BookName = dr["BookName"].ToString();
                b.BookType = dr["BookType"].ToString();
                b.BookPrice = Double.Parse (dr["BookPrice"].ToString());
                b.Publisher = dr["Publisher"].ToString();
                b.PublishDate = DateTime.Parse (dr["PublishDate"].ToString());
                b.Author = dr["Author"].ToString();
                return b;
            }
        }
    }
```

用户单击"添加新书"按钮,将弹出添加图书窗口,如图 2.4.19 所示。

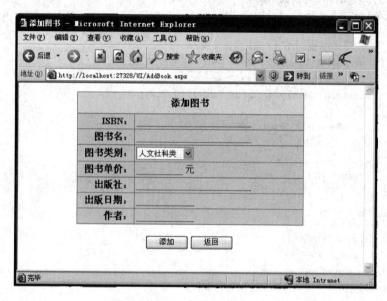

图 2.4.19　添加新书

管理员添加新书模块的代码如下:

```
///< summary >
///添加图书
///</ summary >
protected void btnAdd_Click(object sender, EventArgs e)
{
    //首先验证信息输入是否完整
    if (this.txtISBN.Text == "")
    {
        this.Alert("ISBN 不能为空!", "txtEmail");
        return;
    }
    if (this.txtBookName.Text == "")
    {
        this.Alert("图书名不能为空!", "txtPassword");
        return;
    }
```

```
        if (this.txtBookPrice.Text == "")
        {
            this.Alert("图书单价不能为空!", "txtIDNumber");
            return;
        }
        if (this.txtPublisher.Text == "")
        {
            this.Alert("出版社不能为空!", "txtCreditCard");
            return;
        }
        if (this.txtPublishDate.Text == "")
        {
            this.Alert("出版日期不能为空!", "txtTelphone");
            return;
        }
        if (this.txtAuthor.Text == "")
        {
            this.Alert("作者不能为空!", "txtAddress");
            return;
        }
        Book b = new Book();

        b.ISBN = this.txtISBN.Text.Trim();
        b.BookName = this.txtBookName.Text.Trim();
        b.BookType = this.ddlBookType.SelectedItem.Text;
        b.BookPrice = double.Parse (this.txtBookPrice.Text.Trim());
        b.Publisher = this.txtPublisher.Text.Trim();
        b.PublishDate = DateTime.Parse (this.txtPublishDate.Text.Trim());
        b.Author = this.txtAuthor.Text.Trim();

        BookDAO bd = new BookDAO();
        try
        {
            if (Request["isbn"] == null)
            {
                bd.Insert(b);
                this.Alert("新书添加成功,确定跳转到图书列表.", "ListBook.aspx");
            }
            else
            {
                bd.Update(b);
                this.Alert("图书信息修改成功,确定返回图书列表.", "ListBook.aspx");
            }
        }
        catch (Exception)
        {
            this.Alert("输入信息有误,请重新输入!", "txtEmail");
        }
    }
```

4.5.8 图书分类查找模块

该系统提供了按图书分类查找模块，会员可以选择自己感兴趣的类别的图书，其界面如图 2.4.20 所示。

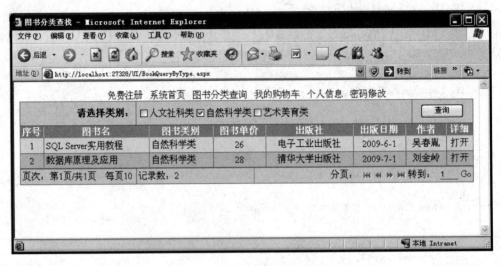

图 2.4.20 图书分类查找

图书分类查找模块的部分代码如下：

```
private void Bind()
{
    string strBookType = "";
    foreach (ListItem li in cblBookType.Items)
    {
        if(li.Selected)
        {
            strBookType += "'" + li.Text + "',";
        }
    }
    if (string.IsNullOrEmpty(strBookType))
    {
        this.Alert("您至少选择一个图书类别!");
        return;
    }
    strBookType = strBookType.Substring(0, strBookType.Length - 1);
    BookDAO bd = new BookDAO();
    List<Book> lb = bd.GetBooksByType(strBookType);
    GridView1.DataSource = lb;
    GridView1.DataBind();
    ShowStats(lb.Count);
}
```

按类别获取所有图书的代码如下：

```
///<summary>
```

```
///查找某类别图书
///</summary>
///<returns></returns>
public List<Book> GetBooksByType(string types)
{
    List<Book> lb = new List<Book>();
    strSql = "select * from Book Where BookType in (" + types + ")";
    DataSet ds = SqlHelper.ExecuteDataSet(strSql);
    foreach (DataRow dr in ds.Tables[0].Rows)
    {
        Book b = RowToObject(dr);
        lb.Add(b);
    }
    return lb;
}
```

4.5.9 订单管理模块

在订单管理模块中,管理员可以对会员提交的订单进行结账等管理,可以查看全部订单、待处理订单、已处理订单以及自己处理的订单。如果某一订单客户长时间不结账,管理员有权删除该订单。订单管理模块的界面如图 2.4.21 所示。

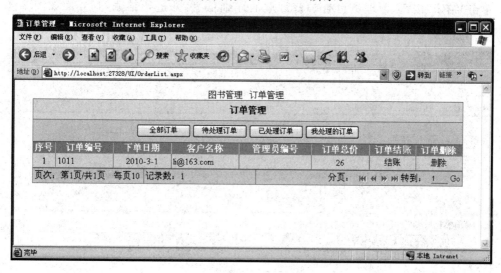

图 2.4.21 订单管理

订单管理模块的部分代码如下:

```
private void Bind()
{
    string strOrderType = this.ViewState["OrderType"].ToString();
    OrderDAO bo = new OrderDAO();
    List<Order> lo = new List<Order>();
    switch (strOrderType)
    {
        case "1":
```

在线图书销售管理系统

```
            //全部订单
            lo = bo.GetOrders();
            break;
        case "2":
            //待处理订单
            lo = bo.GetOrdersHandling();
            break;
        case "3":
            //已处理订单
            lo = bo.GetOrdersHandled();
            break;
        case "4":
            //我处理的订单
            Administrator a = (Administrator)Session["Admin"];
            lo = bo.GetOrdersHandled(a.AdminNo);
            break;
    }
    GridView1.DataSource = lo;
    GridView1.DataBind();
    ShowStats(lo.Count);
}
```

单击"结账"按钮，管理员可查看该订单的详细信息，并进行结账，其界面如图 2.4.22 所示。

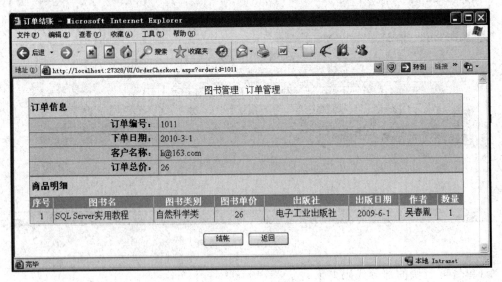

图 2.4.22　订单结账

订单结账模块的部分代码如下：

```
private void BindData(string orderID)
{
    OrderDAO od = new OrderDAO();
    //以下对订单信息进行初始化
    Order o = od.GetOrder(orderID);
```

```csharp
this.lblOrderID.Text = o.OrderID.ToString ();
this.lblTOrderDate.Text = o.OrderDate.ToShortDateString ();
this.lblEmail.Text = o.Email;
this.lblOrderTotal.Text = o.OrderTotal.ToString();
if (!string.IsNullOrEmpty(o.AdminNo))
{
    this.btnCheckout.Visible = false;
}
//以下对商品信息进行绑定
List < Shopping > ls = od.GetOrderDetail(orderID);
this.GridView1.DataSource = ls;
this.DataBind();
}


///< summary >
///结账
///</ summary >
///< param name = "sender"></param>
///< param name = "e"></param>
protected void btnCheckout_Click(object sender, EventArgs e)
{
    string orderID = Request["orderid"];
    Administrator a = (Administrator)Session["Admin"];

    OrderDAO od = new OrderDAO();
    try
    {
        od.OrderCheckout(orderID, a.AdminNo);
        this.Alert("结账完成,谢谢!", "OrderList.aspx");
    }
    catch
    {
        this.Alert("结账发生错误,请与管理员联系!");
    }
}
```

第 5 章 | 酒店管理系统

本章作为课程设计的案例，利用 Java Swing＋SQL Server 2008 设计了一个简单的酒店管理系统。本案例仅仅是学生对实际问题的一个简单应用，涉及的功能比较少，有兴趣的读者可以在此基础上根据客户需求增加相应的功能，以完善该系统。

5.1 开发背景与系统分析

随着计算机技术的不断发展，现在应用软件已经遍及社会的各行各业（大到厂矿、校企，小到餐饮、洗浴），并且以独特的优势服务于社会。传统的餐饮业采用手工记账的方式，不仅费时费力，还容易出现错误。通过使用酒店管理系统，管理员只需要轻轻按几下鼠标和键盘，就可以轻松地完成这些任务，既提高了工作效率，又节省了人力资源，为餐饮业的快速发展创造了巨大的空间。

5.1.1 开发背景

"民以食为天"，随着人民生活水平的不断提高，餐饮业在服务行业中的地位越来越重要，如何从激烈的竞争中脱颖而出，已经成为每位餐饮经营者需要思考的问题。

经过多年的发展，对餐饮业的管理已经由简单的人工管理逐步进入到规范、科学的管理阶段。众所周知，在科学管理的具体实现方法中，最有效的工具就是应用管理软件进行管理。

以往的人工管理中存在着许多问题，例如：

- 人工计算账单容易出现错误。
- 收银工作中容易发生账单丢失。
- 客人的具体消费信息难以查询。
- 无法对以往营业数据进行查询。

5.1.2 系统分析

随着餐饮业的迅速发展，现有的人工管理方式已不能满足管理者的需求，广大餐饮业经营者已经意识到使用计算机应用软件的重要性，决定在餐饮业的经营管理上引入计算机应用软件管理系统。

根据餐饮业的特点和实际情况，酒店管理系统应以餐饮业务为基础，突出前台管理，重视营业数据分析等功能，从专业角度出发，努力为餐饮管理者提供科学、有效的管理模式和数据分析功能。该系统的主要功能如下：

- 开台点菜功能。在酒店管理系统中需要将该功能设计得更加人性化和智能化，例如在确定添加菜品时,既可以通过菜品编号确定,又可以通过菜品助记码确定,并且默认添加菜品的数量为一个。

- 自动结账功能。用户只需要选中结账的台号,系统就会自动为选中的台号计算消费金额,并且用户输入实收金额后,系统还会自动计算出需要找零的金额,这样既节省了系统操作员的精力,又避免了由于计算失误造成的损失。
- 报表功能。报表功能是酒店管理系统不可缺少的一部分,因为酒店管理系统是一个记账式软件,如果一个记账式软件没有报表功能,就失去了存在的意义。对于一个餐饮企业,日结账报表是不可缺少的。
- 系统安全和系统维护功能。该功能用来保障软件的安全运行。

5.2 系 统 设 计

系统设计指在系统分析的基础上,设计出能满足预定目标的系统。系统设计的内容主要包括确定系统的目标、功能及其相互关系。

5.2.1 系统目标

依据餐饮业的特点,酒店管理系统需要实现以下目标:

- 操作简单方便、界面简洁大方。
- 方便、快捷的开台点菜功能。
- 智能化定位菜品的功能。
- 快速查看开台点菜信息的功能。
- 自动结账功能。
- 按开台和商品实现的同结账功能。
- 按日消费额汇总统计实现的结账功能。
- 按日营业额实现的年结账功能。
- 系统运行稳定、安全可靠。

5.2.2 系统功能结构

酒店管理系统的功能结构如图 2.5.1 所示。

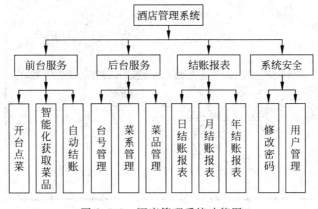

图 2.5.1 酒店管理系统功能图

5.2.3　系统功能模块

　　酒店管理系统由多个功能模块组成,下面仅列出几个典型的功能模块,其他模块效果参见源程序。

　　酒店管理系统主窗体的中间部分用来显示当前的开台及点菜信息,窗体的下方用来操作该系统,例如开台点菜、自动结账、台号/菜系和菜品的维护、营业额报表等。

　　单击"台号管理"按钮,将弹出如图 2.5.2 所示的"台号管理"对话框,该对话框用来维护台号信息,包括台号及座位数。

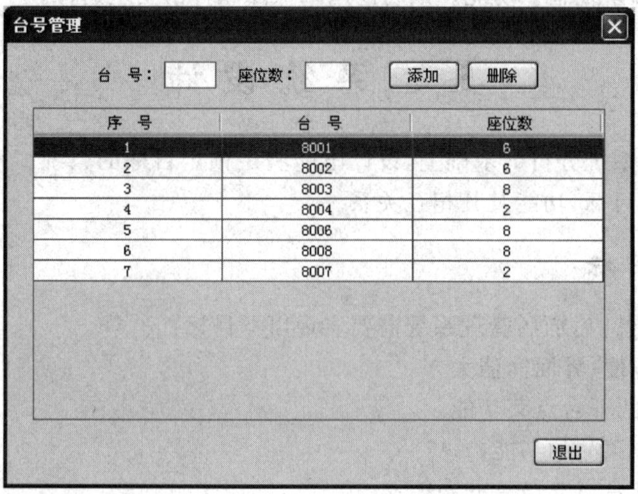

图 2.5.2　"台号管理"对话框

　　单击主窗体右下方的"菜品管理"按钮,将弹出如图 2.5.3 所示的"菜品管理"对话框,该对话框用来维护菜品信息,包括名称、助记码、菜系、单位和单价。其中,助记码用来在点菜时快速获取菜品信息(建议设置为菜品名称的首字母,例如将菜品"雪盖火焰山"的助记码设置为"xghys")。

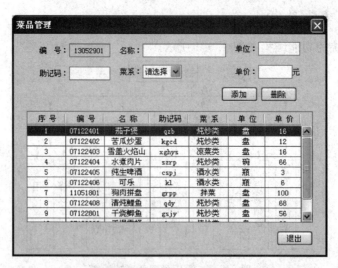

图 2.5.3　"菜品管理"对话框

单击主窗体右方的"用户管理"按钮,将弹出如图2.5.4所示的"用户管理"对话框,该对话框用来显示用户的信息情况。

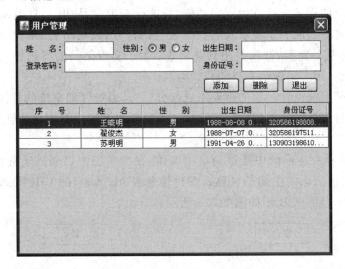

图 2.5.4 "用户管理"对话框

5.2.4 业务流程图

酒店管理系统的业务流程如图 2.5.5 所示。

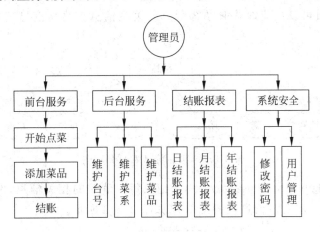

图 2.5.5 酒店管理系统的业务流程图

5.3 数据库及数据表设计

在开发应用程序时,对数据库的操作是必不可少的,而一个数据库的设计优秀与否,将直接影响软件的开发进度和性能,所以对数据库的设计显得尤为重要。数据库的设计要根据程序的需求及功能制定,如果在开发软件之前不能很好地设计数据库,在开发过程中反复修改数据库,必将严重影响开发进度。

5.3.1 主要数据库的设计

酒店管理系统的需求包括开台点菜功能、智能化获取菜品功能、自动结账功能、营业额报表功能等。在这些功能中主要涉及的数据表包括台号表、菜品表、消费单表,为了使系统更完善,还需要为菜品分类,即需要用到菜系表;为了实现菜品的日销售情况统计,还要建立一个消费项目表,用来记录消费单消费的菜品。

数据库设计是系统设计过程的重要组成部分,它是通过管理系统的整体需求制定的,数据库设计的好坏将直接影响系统的后期开发。下面对本系统中具有代表性的数据库设计进行详细说明。

(1) 餐台和菜系在本系统中是最简单的实体,在本系统中用来描述餐台信息的只有台号和座位数,而描述菜系的主要是名称。餐台信息表(tb_dest)的 E-R 图如图 2.5.6 所示,菜系信息表(tb_sort)的 E-R 图如图 2.5.7 所示。

图 2.5.6　餐台信息表的 E-R 图　　　图 2.5.7　菜系信息表的 E-R 图

(2) 在描述菜品实体时加入了助记码,目的是为了实现智能化获取菜品功能。通过这一功能,系统操作员可以快速地获取顾客所点的菜品信息。菜品信息表(tb_menu)的 E-R 图如图 2.5.8 所示。

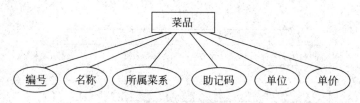

图 2.5.8　菜品信息表的 E-R 图

(3) 消费单信息表(tb_order_form)用来记录每次消费的相关信息,例如消费时使用的餐台、时间、金额等。消费单信息表的 E-R 图如图 2.5.9 所示。

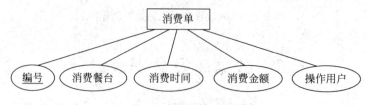

图 2.5.9　消费信息表的 E-R 图

(4) 消费项目信息表(tb_order_item)用来记录每个消费单消费的菜品,记录的主要信息有所属消费单、消费菜品、消费数量、消费额。消费项目信息表的 E-R 图如图 2.5.10所示。

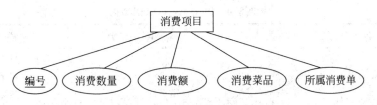

图 2.5.10 消费项目信息表的 E-R 图

5.3.2 数据表结构的设计

在 SQL Server 2008 数据库中，创建名为 db_DrinkeryManagel 的数据库，然后在数据库中根据数据表的 E-R 图创建数据表。下面对主要表的结构进行介绍。

（1）餐台信息表（tb_dest）的结构如表 2.5.1 所示。

表 2.5.1 tb_dest 的结构

字　段　名	数 据 类 型	长　　度	说　　明
num	varchar	5	台号
seating	int		座位数

（2）菜品信息表（tb_menu）的结构如图 2.5.2 所示。

表 2.5.2 tb_menu 的结构

字　段　名	数 据 类 型	长　　度	说　　明
num	char	8	编号
sort_id	int		所属菜系
name	varchar	20	名称
code	varchar	10	主机名
unit	varchar	4	单位
unit_	int		单价
state	char	4	状态

（3）消费单信息表（tb_order_form）的结构如表 2.5.3 所示。

表 2.5.3 tb_order_form 的结构

字　段　名	数 据 类 型	长　　度	说　　明
num	char	11	编号
desk_num	varchar	5	消费餐台
datetime	datetime		消费时间
money	int		消费金额
user_id	int		操作用户

（4）消费项目信息表（tb_order_item）的结构如表 2.5.4 所示。

第 5 章

酒店管理系统

表 2.5.4　tb_order_item 的结构

字　段　名	数据类型	长　　度	说　　明
id	int		编号
order_for_num	char	11	所属消费单
menu_num	char	8	消费菜品
amount	int		消费数量
total	int		消费额

(5) 菜系信息表（tb_sort）的结构如表 2.5.5 所示。

表 2.5.5　tb_sort 的结构

字　段　名	数据类型	长　　度	说　　明
id	int		序号
name	varchar	20	名称

5.4　公共模块设计

5.4.1　编写数据库连接类

数据库连接类负责加载数据库驱动程序，以及创建和关闭数据库连接。为了最大限度地应用每个已经创建的数据库连接，这里将其保存到 ThreadLocal 类的对象中。

1. 数据库连接类中常量的定义

在数据库连接类中定义一些常量，包括连接数据库使用的驱动程序、连接数据库的路径、连接数据库使用的用户名和密码，并且定义一个 ThreadLocal 类的对象，用来保存已经创建的数据库连接。具体代码如下：

```
private static final String DRIVERCLASS = "com.microsoft.sqlserver.jdbc.SQLServerDriver";
private static final String URL = " jdbc: sqlserver://localhost: 1433; DatabaseName = db _
DrinkeryManage1";
private static final String USERNAME = "sa";
private static final String PASSWORD = "suhongbin";
```

2. 加载数据库驱动程序

编写用来加载数据库驱动程序的代码，通常情况下将其放到静态代码块中，这样做的好处是只在该类第一次被加载（即第一次被调用）时执行加载数据库驱动程序的动作，避免了反复加载数据库驱动程序，从而提高了软件的性能。具体代码如下：

```
static {//通过静态方法加载数据库驱动程序
        try {
            Class.forName(DRIVERCLASS).newInstance();   //加载数据库驱动程序
            } catch (Exception e)
            {
            e.printStackTrace();
            }
        }
```

3. 创建和关闭数据库连接

编写用来创建和关闭数据库连接的方法,这里将两个方法均定义为静态的,这样通过类名就可以调用方法了,方便使用。在这两个方法中首先从 ThreadLocal 类的对象中获得数据库连接,然后判断是否存在可用的数据库连接,如果存在则直接返回或关闭,否则重新创建。具体代码如下:

```
public static Connection getConnection() {        //创建数据库连接的方法
    Connection conn = threadLocal.get();          //从线程中获得数据库连接
    if (conn == null) {                           //没有可用的数据库连接
        try {
            conn = DriverManager.getConnection(URL, USERNAME, PASSWORD);
                                                  //创建新的数据库连接
            threadLocal.set(conn);                //将数据库连接保存到线程中
        } catch (SQLException e) {
            e.printStackTrace();
        }
    }
    return conn;
}
public static boolean closeConnection() {         //关闭数据库连接的方法
    boolean isClosed = true;
    Connection conn = threadLocal.get();          //从线程中获得数据库连接
    threadLocal.set(null);                        //清空线程中的数据库连接
    if (conn != null) {                           //数据库连接可用
        try {
            conn.close();                         //关闭数据库连接
        } catch (SQLException e) {
            isClosed = false;
            e.printStackTrace();
        }
    }
    return isClosed;
}
```

5.4.2 常用的操作数据库的方法

对数据库的操作包括查询、添加、修改和删除,其中,查询是通过 executeQuery(String sql)方法执行 SQL 语句实现的,添加、修改和删除是通过 executeUpdate(String sql)方法执行 SQL 语句实现的。在本系统中共提供了 4 个用来执行查询的方法,分别用来查询多个记录、指定记录、多个记录的指定值和指定记录的指定值,另外还有一个用来添加、修改和删除记录的方法。由于篇幅有限,在这里只介绍用来查询多个记录的方法,以及用来添加、修改和删除记录的方法。

1. 查询多条记录

为了将检索结果直接应用于表格控件,这里用 Vector 向量对象封装查询结果,并且为代表每一行的向量添加行序号。具体代码如下:

```
protected Vector selectSomeNote(String sql) {
```

```
Vector < Vector < Object >> vector = new Vector < Vector < Object >>();
                                                      //创建结果集向量
Connection conn = JDBC.getConnection();           //获得数据库连接
try {
    Statement stmt = conn.createStatement();     //创建连接状态对象
    ResultSet rs = stmt.executeQuery(sql);
                                                  //执行 SQL 语句获得查询结果
    int columnCount = rs.getMetaData().getColumnCount();
                                                  //获得查询数据表的列数
    int row = 1;                                   //定义行序号
    while (rs.next()) {                            //遍历结果集
        Vector < Object > rowV = new Vector < Object >();    //创建行向量
        rowV.add(new Integer(row++));             //添加行序号
        for (int column = 1; column <= columnCount; column++) {
            rowV.add(rs.getObject(column));       //添加列值
        }
        vector.add(rowV);                         //将行向量添加到结果集向量中
    }
    rs.close();                                    //关闭结果集对象
    stmt.close();                                  //关闭连接状态对象
} catch (SQLException e) {
    e.printStackTrace();
}
return vector;                                      //返回结果集向量
}
```

2. 添加、修改和删除记录

在添加、修改和删除记录时采用手动提交,捕获持久化异常,并回退数据库,以保证数据的合法性。具体代码如下:

```
public boolean longHaul(String sql) {
    boolean isLongHaul = true;                     //默认持久化成功
    Connection conn = JDBC.getConnection();       //获得数据库连接
    try {
        conn.setAutoCommit(false);                //设置为手动提交
        Statement stmt = conn.createStatement();  //创建连接状态对象
        stmt.executeUpdate(sql);                  //执行 SQL 语句
        stmt.close();                              //关闭连接状态对象
        conn.commit();                            //提交持久化
    } catch (SQLException e) {
        isLongHaul = false;                        //持久化失败
        try {
            conn.rollback();                      //回滚
        } catch (SQLException e1) {
            e1.printStackTrace();
        }
        e.printStackTrace();
    }
    return isLongHaul;                             //返回持久化结果
}
```

5.4.3 自定义表格控件

在使用表格时,通常将表格列的值设置为居中显示,这样看起来更美观。由 JTable 控件实现的表格将一个表格分为了两个部分,一部分是表格头,即用来显示表格列名的部分,另一部分是除表格头以外的部分。表格的每一部分对应一个 DefaultTableCellRenderer 类的对象,即单元格对象,通过该对象可以设置所属表格部分包含的单元格的相关属性,例如设置单元格内容的显示位置。

通过 JTable 类的 getDefaulRenderer() 方法可以得到单元格对象,这个单元格对象代表的是除表格头以外的部分包含的单元格。在 MTable 类中对该方法进行了简单的重构,即通过单元格对象设置单元格内容水平居中显示。具体代码如下:

```
public TableCellRenderer getDefaultRenderer(Class<?> columnClass)
    {   //获得除表格头部分以外的单元对象
    DefaultTableCellRenderer defaultRenderer = (DefaultTableCellRenderer)super.
getDefaultRenderer(columnClass);
        //设置单元格内容居中显示
    defaultRenderer.setHorizontalAlignment(SwingConstants.CENTER);
    return defaultRenderer;
    }
```

如果想设置表格头的相关绘制属性,首先要获得表格头对象,即 JTableHeader 类的对象,通过 JTableHeader 类的 setReordcringAllowed(boolean reorderingAllowed) 方法可以设置表格列是否可以重排;通过 JTableHeader 类的 getDefaultRenderer() 方法也可以得到单元格对象,这个单元格对象代表的是表格头包含的单元格。在 MTable 类中对该方法也进行了简单的重构,即通过单元格对象设置单元格内容(即列名)水平为居中显示。具体代码如下:

```
public JTableHeader getTableHeader() {
    JTableHeader tableHeader = super.getTableHeader();
        //获得表格头对象
    tableHeader.setReorderingAllowed(false); //设置表格列不可重排
        //获得表格头的单元格对象
    DefaultTableCellRenderer defaultRenderer = (DefaultTableCellRenderer); tableHeader.
getDefaultRenderer();
        //设置单元格内容(即列名)居中显示
    defaultRenderer.setHorizontalAlignment(SwingConstants.CENTER);
    return tableHeader;
    }
```

JTable 类的 setRowSelectionInterval(int fromRow, int toRow) 方法用来设置表格中选中的行,第一个参数为开始选中行的索引,第二个参数为结束选中行的索引。在本系统中表格的选择模式为单选。如果通过该方法设置,则需要设置两个参数,所以在 MTable 类中实现了一个重载方法 setRowSelectionInterval(int row),用来设置唯一被选中的行,该方法仍然需要调用前面的方法。具体代码如下:

```
public void setRowSelectionInterval(int fromRow, int toRow) {
```

```
        //重构父类的方法
    uper.setRowSelectionInterval(fromRow,toRow);
}
```

5.4.4 利用规则验证数据的合法性

在获得用户的输入内容时,经常需要验证用户输入数据的合法性,例如对用户输入日期的验证。在验证这一类数据时,较好的办法是利用规则表达式。所以本系统提供了一个可重用的利用规则表达式来验证数据合法性的方法,用户每次使用时只需要传入验证规则和验证内容,其返回值为 boolean 型。当返回 true 时表示验证通过,数据合法;当返回 false 时表示验证未通过,数据不合法。具体代码如下:

```
pulic static boolean execute(String rule,String content){
Pattern pattern = Pattern.compile(rule);
//利用验证规则创建 Pattern 对象
Matcher matcher = pattern.matcher(content);
//利用验证内容获得 Matcher 对象
return matcher.matches();          //返回验证结果
}
```

5.5 系统的详细设计

5.5.1 主窗体模块设计

1. 主窗体模块概述

本实例主窗体分为 6 个工作区,分别是开台签单工作区、自动结账工作区、后台管理工作区、结账报表工作区、系统安全工作区和系统提示区。主窗体界面如图 2.5.11 所示。

图 2.5.11   酒店管理系统主界面

2. 主窗体模块的技术分析

主窗体模块中用到的主要技术是 JSplitPane，JSplitPane 用于分隔两个（只能两个）Component。两个 Component 图形化分隔以外观实现为基础，并且可以由用户交互式调整大小。使用 JSplitPane. HORIZONTAl_SPLIT 可以让分隔窗格中的两个 Component 从左到右排列，或者使用 JSplitPane. VERTICAL_SPLIT 使其从上到下排列。改变 Component 大小的首选方式是调用 setDividerLocation，其中，location 是新的 X 或 Y 位置，具体取决于 JSplitPane 的方向。如果要将 Component 调整到其首选大小，可调用 resetToPreferredSizes。

当用户调整 Component 的大小时，Component 的最小值用于确定 Component 能够设置的最大/最小位置。如果两个控件的最小值大于分隔窗格的值，则分隔条将不允许用户调整其值。当用户调整分隔窗格值时，新的空间以 resizeWeight 为基础在两个控件之间进行分配。默认情况下，值为 0 表示右边/底部的控件获得所有空间，值为 1 表示左边/顶部的控件获得所有空间。

3. 主窗体模块的实现过程

在开台签单工作区中使用了分隔面板，这样系统操作员可以根据实际需要调整开台列表和签单列表的大小，并设置分隔面板支持快速展开/折叠的分隔条。在此既可以将光标移动到分隔条的上方随意调整分隔条的位置，又可以通过单击分隔条上的◀或▶按钮将分隔条移动到分隔面板的最左侧或最右侧，单击相反的按钮则使分隔条恢复到原位置。

实现分隔面板的关键代码如下：

```
final JSplitPane splitPane = new JSplitPane();        //创建分隔面板对象
splitPane.setOrientation(JSplitPane.HORIZONTAL_SPLIT);
        //设置为水平分隔
splitPane.setDividerLocation(755);            //设置面板默认的分隔位置
splitPane.setDividerSize(10);                 //设置分隔条的宽度
splitPane.setOneTouchExpandable(true);        //设置为支持快速展开/折叠分隔条
 splitPane.setBorder(new TitledBorder(null,"",TitledBorder.DEFAULT_JUSTIFICATION,
TitledBorder.DEFAULT_POSITION,null, null));
        //设置面板的边框
getContentPane().add(splitPane, BorderLayout.CENTER);
        //将分隔面板添加到上级容器中
final JPanel leftPanel = new JPanel();
        //创建放于分隔面板左侧的普通面板对象
leftPanel.setLayout(new BorderLayout());      //设置面板的布局管理器
splitPane.setLeftComponent(leftPanel);
        //将普通面板对象添加到分隔面板的左侧
        //此处省略部分代码
final JPanel rightPanel = new JPanel();
        //创建放于分隔面板右侧的普通面板对象
splitPane.setRightComponent(rightPanel);
        //将普通面板对象添加到分隔面板的右侧
```

在系统提示区中提供了时钟的功能，它是显示到标签控件上的。对标签控件的具体设置代码如下：

```
timeLabel = new JLabel();                     //创建用于显示时间的标签对象
timeLabel.setFont(new Font("宋体",Font.BOLD,14));
```

```
        //设置标签中的文字为宋体、粗体、14号
timeLabel.setForeground(new Color(255,0,0));
        //设置标签中的文字为红色
timeLabel.setHorizontalAlignment(SwingConstants.CENTER);
        //设置标签中的文字居中显示
clueOnPanel.add(timeLabel);                    //将标签添加到上级容器中
new Time().start();                            //开启线程
```

在 TipWizardFrame 类中创建一个内部类 Time,该类继承了线程类 Thread,并重构了 run()方法,每隔 1 秒修改一次用于显示时间的标签中的时间信息。具体代码如下:

```
class Time extends Thread {                    //创建内部类
    public void run() {                        //重构父类的方法
        while (true) {
            Date date = new Date();            //创建日期对象
            timeLabel.setText(date.toString().substring(11, 19));
                //获取当前时间,并显示到时间标签中
            try {
                Thread.sleep(1000);            //令线程休眠1秒
            } catch (InterruptedException e) {
                e.printStackTrace();
            }
        }
    }
}
```

5.5.2 用户登录窗口模块设计

用户登录窗口是用户进入系统的第一个界面,需要美观大方、安全性能高,并且要使用方便。

1. 用户登录窗口

用户登录窗口是每一个应用软件都不可缺少的部分,其主要功能是保证用户的数据安全。同时,用户登录窗口也是用户看到的第一个系统界面。该酒店管理系统的用户登录窗口如图 2.5.12 所示。

图 2.5.12　用户登录窗口

2. 用户登录窗口模块的技术分析

为了使用户登录界面美观大方,本系统设计了登录界面的背景图片。但是,JPanel 类并不支持绘制背景图片的功能,因此,该例利用重写 JPanel 类的 paintComponent(Graphics g)方法实现支持绘制背景图片的功能。具体代码如下:

```java
public class MPanel extends JPanel {
    private static final long serialVersionUID = 7056298952360607443L;
    private ImageIcon imageIcon;                        //声明一个图片对象
    public MPanel(URL imgUrl) {
        super();                                        //继承父类的构造方法
        setLayout(new GridBagLayout());                 //将布局管理器修改为网格组布局
        imageIcon = new ImageIcon(imgUrl);
            //根据传入的 URL 创建 ImageIcon 对象
            //设置面板与图片等大
        setSize(imageIcon.getIconWidth(), imageIcon.getIconHeight());
    }
    @Override
    protected void paintComponent(Graphics g) {
            //重写 JPanel 类的 paintComponent()方法
        super.paintComponent(g);                        //调用 JPanel 类的 paintComponent()方法
        Image image = imageIcon.getImage();
            //通过 ImageIcon 对象获得 Image 对象
        g.drawImage(image, 0, 0, null);
            //绘制 Image 对象,即将图片绘制到面板中
    }
}
```

利用通过继承 JPanel 类得到的 MPanel 类,可以很方便地将图片设置为面板的背景图片。这样,在设计用户登录界面的背景图片时,就可以将一些辅助信息设计到图片上了。

3. 用户登录窗口模块的实现过程

首先创建一个用于用户登录界面的窗体,为窗体设置标题、大小等信息,并将一个支持背景图片功能的面板添加到窗体中,具体代码如下:

```java
public class LandFrame extends JFrame {
    private static final long serialVersionUID = -3430911625527498847L;
    private JPasswordField passwordField;              //密码框
    private JComboBox usernameComboBox;                //用户名下拉列表
    public LandFrame() {                               //设置窗口的相关信息
        super();                                       //调用父类的构造方法
        setTitle(" 数据库课程设计");                     //设置窗口的标题
        setResizable(false);                           //设置窗口不可以改变大小
        setAlwaysOnTop(true);                          //设置窗口总在最前方
        setBounds(100, 100, 428, 292);                 //设置窗口的大小
            //设置关闭窗口时执行的动作
setDefaultCloseOperation(JFrame.EXIT_ON_CLOSE);
            //下面创建一个面板对象并添加到窗口的容器中
        final MPanel panel = new MPanel(this.getClass(). getResource("/img/land_ background.
jpg"));
            //创建一个面板对象
```

```
    panel.setLayout(new GridBagLayout());
        //设置面板的布局管理器为网格组布局
    getContentPane().add(panel, BorderLayout.CENTER); //将面板添加到窗体中
}
    //此处省略部分代码
}
```

下面以此创建一个下拉列表框控件和一个密码框控件,并利用网格组布局管理器将它们添加到背景面板中,分别用于选择登录用户和输入登录密码。

用户单击"登录"按钮后,系统将首先判断是否选择了登录用户,然后判断是否为系统管理员,最后验证登录密码,如果通过验证则登录成功,否则登录失败并弹出提示。实现"登录"按钮的具体代码如下:

```
class LandButtonActionListener implements ActionListener {
    @Override
    public void actionPerformed(ActionEvent e) {
        String username = usernameComboBox.getSelectedItem().toString();
                                            //获得登录用户的名称
        if (username.equals("请选择")) {        //查看是否选择了登录用户
            JOptionPane.showMessageDialog(null, "请选择登录用户!", "友情提示",
JOptionPane.INFORMATION_MESSAGE);           //弹出提示
            resetUsernameAndPassword();        //恢复登录用户和登录密码
        }
        char[] passwords = passwordField.getPassword();
            //获得登录用户的密码
        String inputPassword = turnCharsToString(passwords);
            //将密码从 char 型数组转换成字符串
        if (username.equals("SYSdata")) {        //查看是否为默认用户登录
            if (inputPassword.equals("111111")) { //查看密码是否为默认密码
                land(null);                        //登录成功
                String infos[] = { "请立刻单击"用户管理"按钮添加用户!", "添加用户后需要
重新登录,本系统才能正常使用!" };                    //组织提示信息
                JOptionPane.showMessageDialog(null, infos, "友情提示", JOptionPane.
INFORMATION_MESSAGE);                           //弹出提示
            } else {                                //密码错误
                JOptionPane.showMessageDialog(null, "默认用户"SYSdata"的登录密码为
111"!", "友情提示", JOptionPane.INFORMATION_MESSAGE);
                //弹出提示
                passwordField.setText("111111"); //将密码设置为默认密码
            }
        } else {
            if (inputPassword.length() == 0) {    //用户未输入登录密码
                JOptionPane.showMessageDialog(null, "请输入登录密码!", "友情提示",
JOptionPane.INFORMATION_MESSAGE);               //弹出提示
                resetUsernameAndPassword();        //恢复登录用户和登录密码
            }
            Vector user = Dao.getInstance().sUserByName(username);
                //查询登录用户
            String password = user.get(5).toString();
                //获得登录用户的密码
```

```java
            if (inputPassword.equals(password)) {    //查看登录密码是否正确
                land(user);                          //登录成功
            } else {                                 //登录密码错误
                JOptionPane.showMessageDialog(null, "登录密码错误,请确认后重新登录!", "
友情提示", JOptionPane.INFORMATION_MESSAGE);    //弹出提示
                resetUsernameAndPassword();          //恢复登录用户和登录密码
            }
        }
    }

    private void resetUsernameAndPassword() {        //恢复登录用户和登录密码
        usernameComboBox.setSelectedIndex(0);
                //恢复选中的登录用户为"请选择"项
        passwordField.setText("      ");             //恢复密码框的默认值为 6 个空格
        return;                                      //直接返回
    }

    private void land(Vector user) {                 //登录成功
        TipWizardFrame tipWizard = new TipWizardFrame(user);
                //创建主窗体对象
        tipWizard.setVisible(true);                  //设置主窗体可见
        setVisible(false);                           //设置登录窗口不可见
    }

}
```

5.5.3　开台签单工作区设计

开台签单工作区是酒店管理系统最常用的工作区,所以需要将该工作区设计得更加人性化和智能化。例如,在获取欲添加的菜品时,既可以通过菜品编号获得,又可以通过菜品助记码获得,并且默认菜品的数量为一个,因为这是最通用的。

1. 开台签单工作区的功能概述

开台签单工作区的主要功能有开台、点菜、加菜、签单、查看开台信息和签单信息,开台签单工作区的效果如图 2.5.13 所示。

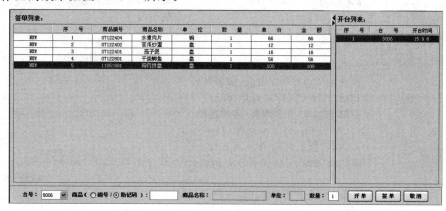

图 2.5.13　开台签单工作区

顾客就餐时,先在图 2.5.13 下方的"台号"下拉列表框中选择分配的台号,然后选择菜品名称的选择方式,默认情况下使用助记码来获取菜品的名称。在输入菜品的助记码之后,会在"商品名称"文本框中显示菜品名称,并在"单位"文本框中显示菜品的单位。在"数量"文本框中管理员可以输入菜品的数量,最后单击"开单"按钮完成菜品的添加操作。在所有菜品添加完成后,可以单击"签单"按钮完成点菜。在点菜过程中,可以使用"取消"按钮取消已经点的菜品。

如果顾客在用餐的过程中要求添加菜品,既可以在"台号"下拉列表框中选择要求添加菜品的餐台号后添加,也可以在"开台列表"中选择要求添加菜品的餐台号。因为它与"台号"下拉列表框是联动的,即当在"台号"下拉列表框中选择餐台号后,如果在"开台列表"中存在该台号,对应的行业将被选中;如果更改"开台列表"中的选中行,在"台号"下拉列表框中也将更改为选中的餐台号。

2. 开台签单功能的实现

首先为"台号"下拉列表框添加事件监听器,用来处理开台或点菜的相关信息。如果选中的台号尚未开台(即新开台),则取消选择"开台列表"中的选中行,并清空"签单列表"中的所有行。选中"开台列表"中的台号后,刷新"签单列表"中的菜品信息,即显示为当前选中台号所点的菜品。具体代码如下:

```
numComboBox.addActionListener(new ActionListener() {
    public void actionPerformed(ActionEvent e) {
        int rowCount = rightTable.getRowCount();
            //获得开台列表中的行数,即已开台数
        if (rowCount > 0) {                         //已经有开台
            String selectedDeskNum = numComboBox.getSelectedItem().toString();
                                    //获得"台号"下拉列表框中选中的台号
            int needSelectedRow = -1;              //默认选中的台号未开台
            opened:for(int row = 0;row < rowCount;row++)
            { //通过循环查看选中的台号是否已经开台
                String openedDeskNum = rightTable.getValueAt(row, 1).toString();
                                            //获得已开台的台号
                if (selectedDeskNum.equals(openedDeskNum)) {
                    //查看选中的台号是否已经开台
                    needSelectedRow = row;         //选中的台号已经开台
                    break opened;                  //跳出循环
                }
            }
            if (needSelectedRow == -1) {
                //选中的台号尚未开台,即新开台
                rightTable.clearSelection();
                //取消选择"开台列表"中的选中行
                leftTableValueV.removeAllElements();
                //清空"签单列表"中的所有行
                leftTableModel.setDataVector(leftTableValueV, leftTableColumnV);
                                                //刷新"签单列表"
            } else {//选中的台号已经开台,即添加菜品
                if(needSelectedRow!= rightTable.getSelectedRow()){
                    //在"台号"下拉列表框中选中的台号在"开台列表"中未被选中
```

```
                        rightTable.setRowSelectionInterval(
needSelectedRow);                                 //在"开台列表"中选中该台号
                    leftTableValueV.removeAllElements();
                        //清空"签单列表"中的所有行
                    leftTableValueV.addAll(menuOfDeskV.get(
needSelectedRow));                                //将选中台号的签单列表添加到"签单列表"中
                    leftTableModel.setDataVector(leftTableValueV, leftTableColumnV);
                                                //刷新"签单列表"
                    leftTable.setRowSelectionInterval(0);
                        //选中"签单列表"中的第一行
                }
            }
        }
    });
```

然后开发智能获取点菜功能,通过为文本框添加键盘事件监听器实现。当按下的是
Enter 键时,等同于单击"开单"按钮,执行开单操作,在后面将详细讲解其具体操作过程;如
果按下的不是 Enter 键,则获取输入的内容,同时判断输入的是商品编号还是商品助记码,
并按指定条件查询所有符合条件的菜品,如果存在符合条件的菜品,则获取第一个符合条件
的菜品,并显示菜品名称和单位,否则将菜品名称和单位设置为空。具体代码如下:

```
codeTextField.addKeyListener(new KeyAdapter() {
    public void keyTyped(KeyEvent e) {
        if (e.getKeyChar() == ' ')                  //判断用户输入的是否为空格
            e.consume();                            //如果是空格则销毁此次按键事件
    }
    public void keyReleased(KeyEvent e){
        //通过键盘监听器实现智能获取菜品功能
        if (e.getKeyCode() == KeyEvent.VK_ENTER) {  //按 Enter 键
            makeOutAnInvoice();                     //开单
            } else {
                String input = codeTextField.getText().trim();
                    //获得输入内容
                Vector vector = null;               //符合条件的菜品集合
                if (input.length() > 0) {           //输入内容不为空
                    if (codeRadioButton.isSelected()) {  //按助记码查询
                        vector = dao.sMenuByCode(input);
                            //查询符合条件的菜品
                        if (vector.size() > 0)      //存在符合条件的菜品
                            vector = (Vector) vector.get(0);
                            //获得第一个符合条件的菜品
                        else
                            //不存在符合条件的菜品
                            vector = null;
                    } else {//按编号查询
                        vector = dao.sMenuById(input);
                            //查询符合条件的菜品
                        if (vector.size() > 0)      //存在符合条件的菜品
                            vector = (Vector) vector.get(0);
```

```
                                        //获得第一个符合条件的菜品
                else
                        //不存在符合条件的菜品
                        vector = null;
                }
        }
        if (vector == null) {                   //不存在符合条件的菜品
            nameTextField.setText(null);
                //设置"商品名称"文本框为空
            unitTextField.setText(null);    //设置"单位"文本框为空
        } else {                                 //存在符合条件的菜品
            nameTextField.setText(vector.get(3).toString());
                //设置"商品名称"文本框为符合条件的菜品名称
            unitTextField.setText(vector.get(5).toString());
                //设置"单位"文本框为符合条件的菜品单位
        }
    }
    }
};
```

下面的代码将实现一个智能化的用来填写数量的文本框，默认数量为 1。当文本框获得焦点时，会自动将文本框设置为空；当文本框失去焦点时，将查看文本框是否输入了内容，如果未输入内容，则采用默认数量 1。具体代码如下：

```
amountTextField.addFocusListener(new FocusListener() {
    public void focusGained(FocusEvent e) {         //当文本框获得焦点时执行
        amountTextField.setText(null);              //设置"数量"文本框为空
        }
    public void focusLost(FocusEvent e) {           //当文本框失去焦点时执行
        String amount = amountTextField.getText();//获得输入的数量
        if (amount.length() == 0)                   //未输入数量
            amountTextField.setText("1");           //恢复为默认数量 1
        }
    });
amountTextField.setText("1");                       //默认数量为 1
```

如果在输入商品编号或助记码时按下 Enter 键，或者单击"开单"按钮，将执行开台点菜操作。如果是新开台点菜，则需要先处理开台信息，即在"开台列表"中添加新开台的信息，然后再处理点菜信息，即在"签单列表"中添加新点菜的信息；如果是为已开台添加菜品，则直接处理点菜信息。具体代码如下：

```
private void makeOutAnInvoice() {
    String deskNum = numComboBox.getSelectedItem().toString();
        //获得台号
    String menuName = nameTextField.getText();      //获得商品名称
    String menuAmount = amountTextField.getText();//获得数量
    //验证
    if (deskNum.equals("请选择")) {                  //验证是否已经选择台号
        JOptionPane.showMessageDialog(null, "请选择台号!", "友情提示", JOptionPane.
INFORMATION_MESSAGE);
```

```java
        return;
    }
    if (menuName.length() == 0) {                    //验证是否已经确定商品
        JOptionPane.showMessageDialog(null, "请输入商品名称!", "友情提示", JOptionPane.
INFORMATION_MESSAGE);
        return;
    }
    if (!Validate.execute("[1-9]{1}([0-9]{0,1})", menuAmount)) {
                                                //验证数量是否有效,数量必须在 1-99 之间
        String info[] = new String[] { "您输入的数量错误!", "数量必须在 1-99 之间!" };
        JOptionPane.showMessageDialog(null, info, "友情提示", JOptionPane.INFORMATION_
MESSAGE);
        return;
    }
    //处理开台信息
    int rightSelectedRow = rightTable.getSelectedRow();
        //获得被选中的台号
    int leftRowCount = 0;                            //默认点菜数量为 0
    if (rightSelectedRow == -1) {                    //没有被选中的台号,即新开台
        rightSelectedRow = rightTable.getRowCount();
        //被选中的台号为新开的台
        Vector deskV = new Vector();                 //创建一个代表新开台的向量对象
        deskV.add(rightSelectedRow + 1);             //添加开台序号
        deskV.add(deskNum);                          //添加开台号
        deskV.add(Today.getTime());                  //添加开台时间
        rightTableModel.addRow(deskV);               //将开台信息添加到"开台列表"中
        rightTable.setRowSelectionInterval(rightSelectedRow);
        //选中新开的台
        menuOfDeskV.add(new Vector());               //添加一个对应的签单列表
    } else { //选中的台号已经开台,即添加菜品
        leftRowCount = leftTable.getRowCount();      //获得已点菜的数量
    }
    //处理点菜信息
    Vector vector = dao.sMenuByNameAndState(menuName, "销售");
    //获得被点菜品
    int amount = Integer.valueOf(menuAmount);        //将菜品数量转换为 int 型
    int unitPrice = Integer.valueOf(vector.get(5).toString());
    //将菜品单价转换为 int 型
    int money = unitPrice * amount;                  //计算菜品消费额
    Vector<Object> menuV = new Vector<Object>();
    menuV.add("NEW");                                //添加新点菜标记
    menuV.add(leftRowCount + 1);                     //添加点菜序号
    menuV.add(vector.get(0));                        //添加菜品编号
    menuV.add(menuName);                             //添加菜品名称
    menuV.add(vector.get(4));                        //添加菜品单位
    menuV.add(amount);                               //添加菜品数量
    menuV.add(unitPrice);                            //添加菜品单价
    menuV.add(money);                                //添加菜品消费额
    leftTableModel.addRow(menuV);                    //将点菜信息添加到"签单列表"中
    leftTable.setRowSelectionInterval(leftRowCount);
    //将新点菜设置为选中行
```

```
menuOfDeskV.get(rightSelectedRow).add(menuV);
    //将新点菜信息添加到对应的签单列表中
codeTextField.setText(null);
nameTextField.setText(null);
unitTextField.setText(null);
amountTextField.setText("1");
}
```

在新添加菜品的前方会有一个 NEW 标记，确定点菜结束后单击"签单"按钮，将取消所有新添加菜品前方的 NEW 标记。在未取消 NEW 标记的情况下可以选中后单击"取消"按钮取消该菜品，如果该餐台只点了该菜品，并且取消的不是最后点的菜品，还需要修改所点菜品的序号。具体代码如下：

```
String NEW = leftTable.getValueAt(lSelectedRow, 0).toString();
    //获得选中菜品的新点菜标记
if (NEW.equals("")) {//没有新点菜标记,不允许取消
    JOptionPane.showMessageDialog(null, "很抱歉,该商品已经不能取消!", "友情提示",
JOptionPane.INFORMATION_MESSAGE);
    return;
} else {
        int rSelectedRow = rightTable.getSelectedRow();
            //获得"开台列表"中的选中行,即取消菜品的台号
        int i = JOptionPane.showConfirmDialog(null, "确定要取消"" +
        rightTable.getValueAt(rSelectedRow, 1) + ""中的商品"" +
leftTable.getValueAt(lSelectedRow, 3) + ""?", "友情提示", JOptionPane.
YES_NO_OPTION);                                    //弹出提示信息确认是否取消
        if (i == 0) {                              //确认取消
            leftTableModel.removeRow(lSelectedRow);
                //从"签单列表"中取消菜品
            int rowCount = leftTable.getRowCount();
                //获得取消后的点菜数量
            if (rowCount == 0) {                    //未点任何菜品
                rightTableModel.removeRow(rSelectedRow);       //取消开台
                menuOfDeskV.remove(rSelectedRow);              //移除签单列表
            } else {
                if (lSelectedRow == rowCount) {//取消菜品为最后一个
                    lSelectedRow -= 1;           //设置最后一个菜品为选中状态
                } else {                           //取消菜品不是最后一个
                    Vector<Vector<Object>> menus = menuOfDeskV.get(rSelectedRow);
                    for (int row = lSelectedRow; row < rowCount; row++)
                    {
                        //修改点菜序号
                        leftTable.setValueAt(row + 1, row, 1);
                        menus.get(row).set(1, row + 1);
                    }
                }
                leftTable.setRowSelectionInterval(lSelectedRow);
                    //设置选中行
            }
        }
    }
};
```

当用户要求添加菜品时，可以在"台号"下拉列表框中选择要求添加菜品的台号，也可以在"开台列表"中选择要求添加菜品的台号，在此选择后将同步选中"台号"下拉列表框中的相应台号。具体代码如下：

```
rightTable.addMouseListener(new MouseAdapter() {
    public void mouseClicked(MouseEvent e) {
        int rSelectedRow = rightTable.getSelectedRow();
            //获得"开台列表"中的选中行
        leftTableValueV.removeAllElements();        //清空"签单列表"中的所有行
        leftTableValueV.addAll(menuOfDeskV.get(rSelectedRow));
            //将选中台号的签单列表添加到"签单列表"中
        leftTableModel.setDataVector(leftTableValueV, leftTableColumnV);   //刷新"签单列表"
        leftTable.setRowSelectionInterval(0);
            //选中"签单列表"中的第一行
        numComboBox.setSelectedItem(rightTable.getValueAt(rSelectedRow, 1));
                                            //同步选中"台号"下拉列表框中的相应台号
    }
});
```

5.5.4 自动结账工作区设计

自动结账是酒店管理系统的重要部分，客户消费完成后，会进入结账工作区。

1. 自动结账工作区的功能概述

自动结账工作区有两个主要功能，一是自动计算当前选中餐台的消费金额，例如选中餐台"8006"，在自动结账工作区将显示该餐台的消费金额。

另一个功能是在结账时自动计算找零金额。用户输入"实收金额"后单击"结账"按钮，系统将自动计算出需要找零的金额，并弹出一个结账完成的提示框。

2. 自动结账工作区的实现过程

首先实现自动计算当前选中餐台消费金额的功能，为与"签单列表"对应的表格模型添加一个 TableModelListener 监听器，在监听器中通过循环重新计算该餐台的消费金额，并更新"消费金额"。具体代码如下：

```
leftTableModel.addTableModelListener(new TableModelListener() {
    public void tableChanged(TableModelEvent e) {
        //通过表格模型监听器实现自动结账功能
        int rowCount = leftTable.getRowCount();        //获得签单列表中的行数
        float expenditure = 0.0f;                      //默认消费 0 元
        for (int row = 0; row < rowCount; row++) {     //通过循环计算消费金额
            expenditure += Float.valueOf(leftTable.getValueAt(row, 7).toString());
                                                       //累加消费金额
        }
        expenditureTextField.setText(expenditure + "0");
        //更新"消费金额"文本框
    }
});
```

然后实现结账功能，在结账之前首先要判断是否有未签单的菜品，如果有则弹出提示信息,如果没有则获得消费金额和实收金额。接下来判断实收金额是否小于消费金额,如果小于同样弹出提示,否则进行结账操作,将消费信息持久化到数据库,并弹出结账完成的提示框,最后将"实收金额"文本框和"找零金额"文本框设置为默认值,如图2.5.14所示。

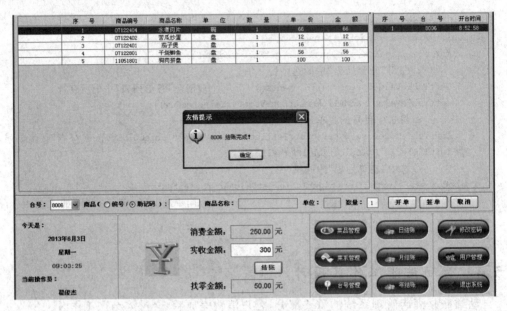

图 2.5.14 签单且实收金额后结账的界面图

具体代码如下:

```
int rowCount = leftTable.getRowCount();              //获得结账餐台的点菜数量
String NEW = leftTable.getValueAt(rowCount - 1, 0).toString();
    //获得最后点菜的标记
if (NEW.equals("NEW")) {                             //如果最后点的菜被标记为"NEW",则弹出提示
    JOptionPane.showMessageDialog(null, "请先确定未签单商品的处理方式!", "友情提示",
JOptionPane.INFORMATION_MESSAGE);
} else {
        float expenditure = Float.valueOf(expenditureTextField.getText()); //获得消费金额
        float realWages = Float.valueOf(realWagesTextField.getText());     //获得实收金额
        if (realWages < expenditure) {
            //如果实收金额小于消费金额,则弹出提示
            if (realWages == 0.0f)
                JOptionPane.showMessageDialog(null, "请输入实收金额!", "友情提示",
JOptionPane.INFORMATION_MESSAGE);
            else
                JOptionPane.showMessageDialog(null, "实收金额不能小于消费金额!", "友情提
示", JOptionPane.INFORMATION_MESSAGE);
            realWagesTextField.requestFocus();
            //使"实收金额"文本框获得焦点
            } else {
            changeTextField.setText(realWages - expenditure + "0");
                //计算并设置"找零金额"
            String[] values = { getNum(), rightTable.getValueAt(selectedRow, 1).toString(),
Today.getDate() + " " + rightTable.getValueAt(selectedRow, 2), expenditureTextField.
```

```
getText(), user.get(0).toString() };              //组织消费单信息
                dao.iOrderForm(values);            //持久化到数据库
                values[0] = dao.sOrderFormOfMaxId();//获得消费单编号
                for (int i = 0; i < rowCount; i++) {
                    //通过循环获得各个消费项目的信息
                    values[1] = leftTable.getValueAt(i,2).toString();
                        //获得商品编号
                    values[2] = leftTable.getValueAt(i, 5).toString();
                        //获得商品数量
                    values[3] = leftTable.getValueAt(i, 7).toString();
                        //获得商品消费金额
                    dao.iOrderItem(values);          //持久化到数据库
                }
                JOptionPane.showMessageDialog(null, rightTable.getValueAt(selectedRow, 1) +
"结账完成!", "友情提示", JOptionPane.INFORMATION_MESSAGE);        //弹出结账完成提示
                rightTableModel.removeRow(selectedRow);
                //从"开台列表"中取消开台
                leftTableValueV.removeAllElements();    //清空"签单列表"
                leftTableModel.setDataVector(leftTableValueV, leftTableColumnV); //刷新"签单列表"
                realWagesTextField.setText("0.00");    //清空"实收金额"文本框
                changeTextField.setText("0.00");       //清空"找零金额"文本框
                menuOfDeskV.remove(selectedRow);
                //从"签单列表"集合中移除已结账的签单列表
        }
    });
```

5.5.5 结账报表工作区设计

结账及报表功能是酒店管理系统的重要组成部分之一,通过该部分可以给消费者进行结账,也可以进行相关统计,使酒店管理者更及时地掌握相关数据。

1. 结账报表工作区的功能概述

本系统提供了 3 种方式的结账报表,分别是日结账报表、月结账报表和年结账报表。

(1) 日结账报表提供了对一日营业情况的统计,包括日开台数量、各个餐台的消费金额、菜品的消费情况、各个菜品的日销售情况,以及日营业额等。

(2) 月结账报表提供了对一个月营业情况的统计,包括日开台总数、日总营业额、日开台的平均消费额、日开台的最大和最小消费额,以及当月的总开台数、月总营业额及一个月中的平均营业额、一个月中开台的最大和最小消费额。

(3) 年结账报表提供了对一年营业情况的统计,包括一年中每天的营业额、每月的营业额、每月同一日期的总营业额,以及一年的营业额。

2. 结账报表工作区的技术分析

在实现结账报表功能时,有以下两个技术要点:

(1) 对日期有效性的控制。例如,在实现日结账功能时,无论用户是修改了统计日期的年度还是月份,都要影响到"日"下拉列表框中的可选项,包括大月(31 天)和小月(30 天)的变化,以及 2 月份在平年(28 天)和闰年(29 天)的变化。如果不能正确处理这些变化,将导致系统无法正常运行。其实在月结账报表和年结账报表中也会涉及这个问题,只是用户在

系统界面上不会明显体会到。解决该问题的大体思路是通过为"年度"和"月份"下拉列表框添加事件监听器,实现对日下拉列表框可选项的控制。

（2）对统计表格的控制。当系统界面不能显示出所有统计记录时,只需要将表格放到滚动面板中即可,这个办法对系统界面不能显示出统计记录的所有行很有效。因为在移动垂直滚动条时,表格的列名并不会随之滚动,即表格的列名是永远可见的。但是当系统界面不能显示出统计记录的所有列时,这个办法就不是很好了。因为在移动水平滚动条时,表格的所有列都会随之滚动,导致最左侧的一列或几列不可见;而表格最左侧的一列或者几列在通常情况下也希望是永远可见的,即不会随着滚动条的移动而滚动。解决该问题的大体思路是实现两个表格,一个表格用来显示最左侧希望永远可见的一列或几列,另一个表格用来显示其他列,然后将两个表格并列显示。

3. 结账报表工作区的具体实现

首先解决在实现结账报表功能时日期的有效性问题,需要定义一个数组,用来存放各个月份拥有的天数,默认 2 月份为 28 天。为了方便使用,将月份与数组的索引一一对应,即不使用数组索引为 1 的位置。具体代码如下:

```
private int daysOfMonth[] = { 0, 31, 28, 31, 30, 31, 30, 31, 31, 30, 31, 30, 31 };
```

下面为"年度"下拉列表框添加事件监听器,首先获得选中的年度,并判断是平年还是闰年,以确定 2 月份的天数,如果为平年则修改为 28,如果为闰年则修改为 29;然后获得当前选中的月份,如果当前选中的是 2 月份,则继续获得"日"下拉列表框拥有可选项的数量,当"日"下拉列表框拥有可选项的数量为 28 时,则为"日"下拉列表框添加一个可选项"29",否则从"日"下拉列表框中移除可选项"29"。具体代码如下:

```
yearComboBox.addActionListener(new ActionListener() {
    @Override
    public void actionPerformed(ActionEvent e) {
        int year = (Integer) yearComboBox.getSelectedItem();
            //获得选中的年度
        judgeLeapYear(year);                          //判断是否为闰年,以确定 2 月份的天数
        int month = (Integer) monthComboBox.getSelectedItem();
            //获得选中的月份
        if (month == 2) {                            //如果选中的是 2 月
          int itemCount = dayComboBox.getItemCount();
          //获得"日"下拉列表框中当前的天数
          if (itemCount!= daysOfMonth[2]){
          //如果"日"下拉列表框中当前的天数不等于 2 月份的天数
            if (itemCount == 28)                      //如果"日"下拉列表框中当前的天数为 28 天
                dayComboBox.addItem(29);             //则添加为 29 天
            else
                    //否则"日"下拉列表框中当前的天数为 29 天
                dayComboBox.removeItem(29);          //则减少为 28 天
            }
        }
    }
});
```

下面为"月份"下拉列表框添加事件监听器。首先获得选中的月份，并获得"日"下拉列表框拥有可选项的数量。如果"日"下拉列表框拥有可选项的数量不等于当前月份所拥有的天数，当"日"下拉列表框拥有可选项的数量大于当前选中月份拥有的天数时，则移除"日"下拉列表框拥有的可选项，并将"日"下拉列表框拥有可选项的数量减1，否则将"日"下拉列表框拥有可选项的数量加1，并添加到"日"下拉列表框的可选项中。具体代码如下：

```java
monthComboBox.addActionListener(new ActionListener() {
    @Override
    public void actionPerformed(ActionEvent e) {
        int month = (Integer) monthComboBox.getSelectedItem();            //获得选中的月份
        int itemCount = dayComboBox.getItemCount(); //获得"日"下拉列表框中当前的天数
        while (itemCount != daysOfMonth[month]) {
            //如果"日"下拉列表框中当前的天数不等于选中月份的天数
            if (itemCount > daysOfMonth[month]) {       //如果大于选中月份的天数
                dayComboBox.removeItem(itemCount);       //则移除最后一个选择项
                itemCount--;                             //并将"日"下拉列表框中当前的天数减1
            } else {                                     //如果小于选中月份的天数
                itemCount++;                             //将"日"下拉列表框中当前的天数加1
                dayComboBox.addItem(itemCount);          //并添加为选择项
            }
        }
    }
});
```

通过"年度"和"月份"下拉列表框的事件监听器对"日"下拉列表框的可选项进行控制，无论选择哪一年或哪一月，在"日"下拉列表框中提供的日期可选项都是一个有效的日期。

5.5.6 后台管理工作区设计

后台管理工作区用来维护软件正常运行需要的一些信息，例如台号信息、菜系信息、菜品信息，只有填好了这些信息，才能进行开台，以及结账和生成报表。

1. 后台管理工作区的功能概述

后台管理工作区提供了对台号、菜系和菜品信息的维护功能。在添加信息时，首先要验证数据的合法性，例如在添加台号信息时，不小心将座位数输入为100，在单击"添加"按钮时将弹出座位数输入错误的提示；然后要查看新添加的信息是否已经存在。

2. 后台管理工作区的技术分析

在对用户输入的数据进行验证时，如果某个数据不符合要求，通常希望对应的控件获得焦点。如果是对用户输入的数据进行逐个验证，这个问题很好解决，但是当对用户输入的数据进行批量验证时，就很难判断哪个数据不符合要求了。这个问题可以通过Java的反射机制解决，通过Java反射机制可以轻松地实现对控件的内容进行批量验证，并且在接受数据不符合要求的情况下，可以直接令相应的空间获得焦点，并且通过为空间设置名称，还可以弹出一个有针对性的提示。

3. 后台管理工作区的实现过程

后台管理包括对台号、菜系、菜品的管理，下面依次讲解这3个功能的实现过程，以及一些典型的技巧。

(1) 实现台号管理功能。

① 实现添加台号的功能。在执行添加台号操作时，首先要判断台号和座位数是否有效，台号最多为 5 个字符，座位数不能大于 99 个；然后创建一个对象，用来封装新添加台号的信息，并添加到到表格中；最后将新添加的台号信息保存到数据库中。具体代码如下：

```java
final JButton addButton = new JButton();              //创建添加台号按钮对象
addButton.addActionListener(new ActionListener() {
    @Override
    public void actionPerformed(ActionEvent e) {
        String num = numTextField.getText().trim();
            //获取台号,并去掉首、尾空格
        String seating = seatingTextField.getText().trim();
            //获取座位数,并去掉首、尾空格
        if(num.equals("")||seating.equals("")) {
        //查看用户是否输入了台号和座位数
            JOptionPane.showMessageDialog(null, "请输入台号和座位数!", "友情提示",
JOptionPane.INFORMATION_MESSAGE);
            return;
            }
        if (num.length()>5) {                         //查看台号的长度是否超过了 5 个字符
            JOptionPane.showMessageDialog(null, "台号最多只能为 5 个字符!", "友情提示",
JOptionPane.INFORMATION_MESSAGE);
            numTextField.requestFocus();              //为"台号"文本框请求获得焦点
            return;
            }
        if (!Validate.execute("[1-9]{1}([0-9]{0,1})", seating)) {
            //验证座位数是否在 1~99 之间
            String[] infos = { "座位数输入错误!","座位数必须在 1~99 之间!"};
            JOptionPane.showMessageDialog(null, infos, "友情提示", JOptionPane.INFORMATION_
MESSAGE);
            eatingTextField.requestFocus();           //为"座位数"文本框请求获得焦点
            return;
            }
        if (dao.sDeskByNum(num) != null) {            //查看该台号是否已经存在
            JOptionPane.showMessageDialog(null, "该台号已经存在!", "友情提示",
JOptionPane.INFORMATION_MESSAGE);
            numTextField.requestFocus();              //为"台号"文本框请求获得焦点
            return;
            }
        int row = table.getRowCount();               //获得当前拥有台号的个数
        Vector newDeskNumV = new Vector();           //创建一个代表新台号的向量
        newDeskNumV.add(new Integer(row + 1));       //添加序号
        newDeskNumV.add(num);                        //添加台号
        newDeskNumV.add(seating);                    //添加座位数
        tableModel.addRow(newDeskNumV);              //将新台号信息添加到表格中
        table.setRowSelectionInterval(row, row);
            //设置新添加的台号为选中状态
        numTextField.setText(null);                  //将"台号"文本框设置为空
        seatingTextField.setText(null);              //将"座位数"文本框设置为空
        dao.iDesk(num, seating);                     //将新添加的台号信息保存到数据库中
```

```
        JDBC.closeConnection();                        //关闭数据库连接
    }
});
addButton.setText("添加");
```

② 实现删除台号的功能。在执行删除台号操作之前,首先要判断是否选中了要删除的台号;然后弹出提示框确认是否真的删除,如果真要删除,还要判断该餐台是否正在被使用;最后执行删除操作。具体代码如下:

```
final JButton delButton = new JButton();                //创建删除台号按钮对象
delButton.addActionListener(new ActionListener() {
    @Override
    public void actionPerformed(ActionEvent e) {
        int selectedRow = table.getSelectedRow();    //获得选中的餐台
        if (selectedRow == -1) {                     //未选中任何餐台
            JOptionPane.showMessageDialog(null, "请选择要删除的餐台!", "友情提示",
JOptionPane.INFORMATION_MESSAGE);
        } else {
            String deskNum = table.getValueAt(selectedRow, 1).toString();
                                                       //获得选中餐台的编号
            for (int row = 0; row < openedDeskTable.getRowCount(); row++) {
                                                       //查看该餐台是否正在被使用
                if(deskNum.equals(openedDeskTable.getValueAt(row, 1))) {
                    JOptionPane.showMessageDialog(null, "该餐台正在使用,不能删除!", "友情提
示", JOptionPane.INFORMATION_MESSAGE);
                    return;                            //该餐台正在使用,不能删除,返回
                }
            }
            String infos[] = new String[] {           //组织确认信息
"确定要删除餐台: ", "台 号: " + deskNum," 座位数: " + table.getValueAt(selectedRow, 2).
toString() };
            int i = JOptionPane.showConfirmDialog(null, infos, "友情提示", JOptionPane.YES_NO_
OPTION);                                               //弹出确认提示
        if (i == 0) {                                  //确认删除
            dao.dDeskByNum(deskNum);                   //从数据库中删除
            tableModel.setDataVector(dao.sDesk(), columnNameV);
                    //刷新表格
            int rowCount = table.getRowCount();        //获得删除后拥有的餐台数
            if (rowCount > 0) {                        //还拥有餐台
                if (selectedRow == rowCount)           //删除的是最后一个餐台
                    selectedRow -= 1;                  //将选中的餐台前移一行
                table.setRowSelectionInterval(selectedRow, selectedRow);
                                                       //设置当前选中的餐台
            }
            JDBC.closeConnection();                    //关闭数据库连接
        }
    }
}
});
delButton.setText("删除");
```

（2）实现菜系管理功能。

① 实现添加菜系的功能。在执行添加菜系操作时，首先要判断菜系名称的长度是否超过了允许的最大长度，并查看该菜系名称是否已经存在；然后创建一个向量对象，用来封装新添加菜系的信息，并添加到表格中；最后将新添加的菜系信息保存到数据库中。具体代码如下：

```
final JButton addButton = new JButton();            //创建添加菜系名称按钮对象
addButton.addActionListener(new ActionListener() {
    @Override
    public void actionPerformed(ActionEvent e) {
        String sortName = sortNameTextField.getText().trim();
            //获得菜系名称,并去掉首、尾空格
        if (sortName.equals("")) {                  //查看是否输入了菜系名称
            JOptionPane.showMessageDialog(null, "请输入菜系名称!", "友情提示",
JOptionPane.INFORMATION_MESSAGE);
            return;
        }
    if (sortName.length() > 10) {
        //查看菜系名称的长度是否超过了10个汉字
        JOptionPane.showMessageDialog(null, "菜系名称最多只能为10个汉字!", "友情提
示", JOptionPane.INFORMATION_MESSAGE);
        return;
    }
    if (dao.sSortByName(sortName).size() > 0) {
        //查看该菜系名称是否已经存在
        JOptionPane.showMessageDialog(null, "该菜系已经存在!", "友情提示", JOptionPane.
INFORMATION_MESSAGE);
        return;
    }
    int row = tableModel.getRowCount();             //获得当前拥有菜系名称的个数
    Vector newSortV = new Vector();                 //创建一个代表新菜系名称的向量
    newSortV.add(new Integer(row + 1));             //添加序号
    newSortV.add(sortName);                         //添加菜系名称
    tableModel.addRow(newSortV);                    //将新菜系名称信息添加到表格中
    table.setRowSelectionInterval(row, row);
            //设置新添加的菜系名称为选中状态
    sortNameTextField.setText(null);                //将"菜系名称"文本框设置为空
    dao.iSort(sortName);                            //将新添加的菜系名称信息保存到数据库中
    JDBC.closeConnection();                         //关闭数据库连接
    }
});
addButton.setText("添加");
```

② 实现删除菜系的功能。在执行删除菜系操作之前，首先要判断是否有菜系被选中；然后弹出提示框确认是否真的删除；最后执行删除操作，如果删除的是表格中的最后一行，则选中删除后表格中的最后一行，如果删除的不是最后一行，则选中删除后同一位置的表格行。具体代码如下：

```
final JButton delButton = new JButton();            //创建删除菜系名称按钮对象
```

```
delButton.addActionListener(new ActionListener() {
    @Override
    public void actionPerformed(ActionEvent e) {
        int row = table.getSelectedRow();              //获得选中的菜系
        String delSortName = (String) table.getValueAt(row, 1);       //获得选中的菜系名称
        int j = JOptionPane.showConfirmDialog(null, "确定要删除菜系"" + delSortName +
""?", "友情提示", JOptionPane.YES_NO_OPTION);        //弹出确认提示
        if (j == 0) {                                  //确认删除
            tableModel.removeRow(row);                 //从表格中移除菜系信息
            int rowCount = table.getRowCount();        //获得删除后拥有的菜系数
            if (rowCount > 0) {                        //还拥有菜系
                if (row < table.getRowCount()) {       //删除的不是位于表格最后的菜系
                for (int i = row; i < table.getRowCount(); i++) {
                    table.setValueAt(i + 1 + "", i, 0);     //修改位于删除菜系之后的序号
                }
                table.setRowSelectionInterval(row, row);
                    //设置上移到删除行索引的菜系为选中状态
                } else {                               //删除的是位于表格最后的菜系
                table.setRowSelectionInterval(row - 1, row - 1);
                    //设置当前位于表格最后的菜系被选中
            }
        }
        dao.dSortByName(delSortName);                  //从数据库中删除菜系
        JDBC.closeConnection();                        //关闭数据库连接
    }
  }
});
delButton.setText("删除");
```

(3) 实现菜品管理功能。

① 实现添加菜品的功能。在执行添加菜品操作时,首先通过 Java 反射机制验证 4 个文本框是否为空,如果为空则弹出要求填写信息的提示框,并且通过获取控件的标识名称组织出有针对性的提示信息,还要为空的文本框请求获得焦点,之后再对这些信息进行具体的验证;然后创建一个向量对象,用来封装新添加菜品的信息,并添加到表格中;最后将新添加的菜品信息保存到数据库中。具体代码如下:

```
final JButton addButton = new JButton();
addButton.addActionListener(new ActionListener() {
    @Override
    public void actionPerformed(ActionEvent e) {
            //通过 Java 反射获取 MenuDialog 类的所有属性
        Field[] fields = MenuDialog.class.getDeclaredFields();
        for(int i = 0; i < fields.length; i++) {
            Field field = fields[i];                   //获得指定属性
            if (field.getType().equals(JTextField.class)) {
                //只验证 JTextField 类型的属性
                field.setAccessible(true);
                    //私有属性必须设置为 true 才允许访问
                JTextField textField = null;
                    //声明一个 JTextField 类型的对象
```

```
        try {
            textField = (JTextField) field.get(MenuDialog.this);
                //获得本类中的相应对象
        } catch (Exception exception) {
            exception.printStackTrace();
        }
        if (textField.getText().trim().equals("")) {
            //文本框为空
            JOptionPane.showMessageDialog(null, "请填写商品"" + textField
.getName() + ""!", "友情提示", JOptionPane.INFORMATION_MESSAGE);    //弹出需要输入信息的提示
            textField.requestFocus();        //令文本框获得焦点
            return;                          //返回
        }
    }
}
if (sortComboBox.getSelectedIndex() == 0) {
    //单独验证下拉列表
    JOptionPane.showMessageDialog(null, "请选择商品所属"菜系"!", "友情提示",
JOptionPane.INFORMATION_MESSAGE);
    return;
}
String menu[] = new String[7];
        //创建一个数组,用来保存菜品信息
menu[0] = numTextField.getText().trim();    //获得菜品编号
menu[1] = nameTextField.getText().trim();   //获得菜品名称
menu[2] = codeTextField.getText().trim();   //获得菜品助记码
menu[3] = sortComboBox.getSelectedItem().toString();
        //获得菜品所属菜系
menu[4] = unitTextField.getText().trim();   //获得菜品单位
menu[5] = unitPriceTextField.getText().trim();
        //获得菜品单价
menu[6] = "销售";
if (menu[1].length() > 10) {
    JOptionPane.showMessageDialog(null, "菜品名称最多只能为 10 个汉字!", "友
情提示", JOptionPane.INFORMATION_MESSAGE);
    nameTextField.requestFocus();
    return;
}
if (menu[2].length() > 10) {
    JOptionPane.showMessageDialog(null, "助记码最多只能为 10 个字符!", "友情
提示", JOptionPane.INFORMATION_MESSAGE);
    codeTextField.requestFocus();
    return;
}
if (menu[4].length() > 2) {
    JOptionPane.showMessageDialog(null, "单位最多只能为两个汉字!", "友情提
示", JOptionPane.INFORMATION_MESSAGE);
    unitTextField.requestFocus();
    return;
}
if (!Validate.execute("[1-9]{1}[0-9]{0,3}", menu[5])) {
```

```
            String infos[ ] = { "单价输入错误!", "单价必须在 1-9999" };
            JOptionPane. showMessageDialog(null, infos, "友情提示", JOptionPane
.INFORMATION_MESSAGE);
            unitPriceTextField. requestFocus();
            return;
        }
        if (dao.sMenuByNameAndState(menu[1], "销售") != null) {
            JOptionPane. showMessageDialog(null, "该菜品已经存在!", "友情提示",
JOptionPane. INFORMATION_MESSAGE);
            nameTextField. requestFocus();
            return;
        }
        int row = tableModel. getRowCount();          //获得当前拥有的菜品数量
        Vector newMenuV = new Vector();
        newMenuV. add(row + 1);                        //添加序号
        for (int i = 0; i < menu. length; i++) {
            newMenuV. add(menu[i]);                   //添加菜品信息
        }
        Vector sortVector = (Vector) dao. sSortByName(menu[3]). get(0);  //获得所属菜系
        menu[3] = sortVector. get(1). toString();     //设置菜系主键
        Vector homonymyMenuOfDel = dao. sMenuByNameAndState(menu[1], "删除");
        if (homonymyMenuOfDel == null) {
            dao. iMenu(menu);                          //将新菜品信息保存到数据库中
        } else {
            newMenuV. set(1, homonymyMenuOfDel. get(0));
            dao. uMenu(menu);
        }

        tableModel. addRow(newMenuV);                  //将新菜品添加到表格中
        table. setRowSelectionInterval(row, row);      //选中新添加的菜品
        numTextField. setText(getNextNum(menu[0]));
        nameTextField. setText(null);
        codeTextField. setText(null);
        sortComboBox. setSelectedIndex(0);
        unitTextField. setText(null);
        unitPriceTextField. setText(null);
        //
    }
});
addButton. setText("添加");
```

② 实现删除菜品的功能。在执行删除菜品操作之前,首先要判断是否存在被选中的菜品;然后弹出提示确认是否真的删除;最后,如果删除的不是表格的最后一行,还要修改其后未删除菜品的序号。具体代码如下:

```
final JButton delButton = new JButton();
    delButton. addActionListener(new ActionListener() {
        @Override
        public void actionPerformed(ActionEvent e) {
            int row = table. getSelectedRow();          //获得选中的菜品
            String delMenuName = table. getValueAt(row, 2). toString();
```

```
                   String info = "确定要删除菜品"" + delMenuName + ""?";
                   int j = JOptionPane.showConfirmDialog(null, info, "友情提示", JOptionPane.YES_
           NO_OPTION);                                      //弹出确认提示框
                   if (j == 0) {                            //确认删除
                       tableModel.removeRow(row);           //从表格中移除菜品信息
                       int rowCount = table.getRowCount();
                           //获得删除后拥有的菜品数
                       if (rowCount > 0) {                  //还拥有菜品
                           if (row < table.getRowCount()) {
                           //删除的不是位于表格最后的菜系
                           for (int i = row; i < table.getRowCount(); i++) {
                                   table.setValueAt(i + 1 + "", i, 0);
                                       //修改位于删除菜系之后的序号
                               }
                               table.setRowSelectionInterval(row, row);
                                       //设置上移到删除行索引的菜系为选中状态
                           } else {
                               table.setRowSelectionInterval(row - 1, row - 1);
                                                   //设置当前位于表格最后的菜系被选中
                           }
                       }
                       dao.uMenuStateByName(delMenuName, "删除");
                       JDBC.closeConnection();
                   }
               }
           });
           delButton.setText("删除");
```

作为"数据库原理及应用"课程设计,本实例只是一个酒店管理系统的简单模型,展示了一个酒店管理系统的业务流程、基本开发思路和实现方法。

参 考 文 献

[1] 刘金岭,冯万利.数据库原理及应用实验与课程设计指导[M].北京:清华大学出版社,2010.

[2] 周屹,等.数据库原理及开发应用——实验课程设计指导[M].北京:清华大学出版社,2008.

[3] 刘金岭,冯万利,张有东.数据库原理及应用[M].北京:清华大学出版社,2009.

[4] 刘金岭,冯万利.数据库系统及应用教程[M].北京:清华大学出版社,2013.

[5] 李昆,等.SQL Server 2000 课程设计案例精编[M].北京:中国水利水电出版社,2006.

[6] 白伟明,等.实战突击 Java 项目开发案例整合[M].北京:电子工业出版社,2011.